T0211328

EMV-gerechte Schirmung

Lizenz zum Wissen.

Sichern Sie sich umfassendes Technikwissen mit Sofortzugriff auf tausende Fachbücher und Fachzeitschriften aus den Bereichen: Automobiltechnik, Maschinenbau, Energie + Umwelt, E-Technik, Informatik + IT und Bauwesen.

Exklusiv für Leser von Springer-Fachbüchern: Testen Sie Springer für Professionals 30 Tage unverbindlich. Nutzen Sie dazu im Bestellverlauf Ihren persönlichen Aktionscode C0005406 auf *www.springerprofessional.de/buchaktion/*

Jetzt 30 Tage testen!

Springer für Professionals.
Digitale Fachbibliothek. Themen-Scout. Knowledge-Manager.

- 🔍 Zugriff auf tausende von Fachbüchern und Fachzeitschriften
- ☺ Selektion, Komprimierung und Verknüpfung relevanter Themen durch Fachredaktionen
- ✎ Tools zur persönlichen Wissensorganisation und Vernetzung

www.entschieden-intelligenter.de

Springer für Professionals

Frank Gräbner

EMV-gerechte Schirmung

Magnetmaterialien für die Schirmung –
Praxisbeispiele – Gerätedesign

3., überarbeitete und erweiterte Auflage

Frank Gräbner
Nordhausen, Deutschland

ISBN 978-3-658-10722-2   ISBN 978-3-658-10723-9 (eBook)
DOI 10.1007/978-3-658-10723-9

Die Deutsche Nationalbibliothek verzeichnet diese Publikation in der Deutschen Nationalbibliografie; detaillierte bibliografische Daten sind im Internet über http://dnb.d-nb.de abrufbar.

Springer Vieweg

Gedruckt auf säurefreiem und chlorfrei gebleichtem Papier.

Springer Fachmedien Wiesbaden GmbH ist Teil der Fachverlagsgruppe Springer Science+Business Media (www.springer.com)

Vorwort zur dritten Auflage

Die aktuellen Entwicklungen auf dem Gebiet der EMV und der Schirmung mittels magnetischer Materialien sind der Hauptgrund für die 3. Auflage dieses Buches. Einerseits ist die EMV Normenwelt in einem Umbruch. Das heißt, dass immer mehr Normen die höheren Quellfrequenzen beachten und die Frequenzobergrenze über 3 GHz schieben. Im Gegensatz zu diesen technischen Gegebenheiten und den vorhandenen (diesen neuen Frequenzbereichen nicht entsprechenden) Ferrit-Entstörmaterialien sind kaum neuen EMV-Magnetmaterialien auf dem Markt vorhanden. Neue EMV-Ferrite der hexagonalen Kristallsysteme tragen diesen neuen Anforderungen Rechnung. Im Kapitel „EMV Zukunftsferrite – hexagonale Volumenmaterialien" werden diese hexagonalen Materialien vorgestellt,

Auch sind weitere Schirmregeln im Anhang des Buches aufgeführt.

Wie in der 1. und 2. Auflage des Buches hat das Lektorat Technik des Springer Vieweg Verlags – vertreten durch Frau Broßler und Herrn Dapper – und das Designbüro Fromm – vertreten durch Frau Fromm – die Entwicklung dieses Buches sehr stark geprägt und den Autor bei der Ausarbeitung sehr unterstützt. Dafür sei herzlich gedankt.

Nordhausen/Harz im Oktober 2015

Frank Gräbner
Ass. Prof. (BG) Dr.-Ing.

Vorwort zur zweiten Auflage

Die Motivation der zweiten Auflage liegt im stärker wachsenden Anspruch der Fachleute nach Schirmung mit Nutzung von Magnetmaterialien.

Grund dafür sind die Normenaktualisierungen der Fachgrundnormen Störemission Funkstörfeldstärke im Industriebereich/Wohnbereich.

Die obere Frequenzgrenze von 1000 Megahertz gilt nicht mehr. In Abhängigkeit von den internen Frequenzen der Störer kann eine Emissionsfrequenzgrenze von mehr als 6000 Megahertz angenommen werden.

Diese Regelung meldet einen Bedarf nach neuen Schirmkonzepten an, welche in diesem Buch mittels Praxisbeispiele dargestellte werden.

Auch ein neues Kapitel „Formelwerk Schirmung" im Anhang ergänzt das Buch um einen wichtigen Beitrag.

Diese Formelsammlung soll in komprimierter Form dem „Schnellleser" die Grundlagen der verschiedenen Schirmeffekte nahe bringen.

Der Autor bedankt sich besonders bei der Begleitung des Buches durch das MediaDesignbüro Fromm aus Selters/Taunus.

Nordhausen/Harz im Oktober 2012 Frank Gräbner
Ass. Prof. (BG) Dr.-Ing.

Vorwort zur ersten Auflage

Hauptziel dieses Buches ist die Darstellung einer Verbesserung der Schirmung durch neu entwickelte Materialien.

Dem Ingenieur der nächsten Jahrzehnte wird mit dem entwickelten Verfahren einer neuartigen EMV-Schirmungsphilosophie durch Nutzung von Absorbermaterialien, bestehend aus Volumenmaterialien oder Nanomaterialien, eine Möglichkeit gegeben, die EMV-Arbeit durch einfache Schirmregeln zu erleichtern.

Die physikalischen Grundlagen dieser Materialien sind nicht neu, jedoch aus einem anderen Blickwinkel diskutiert worden.

In einer Zeit der sehr schnellen Einführung neuer Technologien und scheinbar unbegrenzten technischen Möglichkeiten steht der Entwickler von Geräten und Anlagen unter Druck, die komplexen EMV-Kopplungswege zu verstehen und ein Gerät sehr schnell zu entstören. Für diese „leidgeprüften" Fachleute ist dieses Buch geschrieben und es soll Ihre Arbeit etwas erleichtern.

Viele der Aufgaben und Lösungen sind in Auswertung praktischer Versuche und Forschungsprojekte entstanden. Es sei den vielen Forschergruppen wie zum Beispiel des Institutes IMG Nordhausen, des Kompetenzzentrums BRUNEL IMG GmbH und der Hörmann IMG GmbH (Herr Hungsberg, Herr Kallmeyer, Herr Hildenbrandt und Herr Hesse) in Nordhausen, der Technischen Universität Ilmenau (Herr Prof. Dr. Dr. Knedlik, Herr Dr. Teichert vom FB Werkstoffe der Elektrotechnik), der FH Telekom Leipzig, dem ehemaligen HITK Hermsdorf (Frau Pawlowski) und den Kollegen des TITK Rudolstadt (Herr Pflug und Herr Dr. Schrödner) gedankt.

Nordhausen/Harz im März 2011   Frank Gräbner
                                                           Ass. Prof. (BG) Dr.-Ing.

Formelzeichen und Abkürzungen

Lateinische Buchstaben

$\vec{A}, A$	Vektor, Effektivwert
A	insbesondere Fläche
$\overleftarrow{A}$	Tensor
a	Gitterkonstante
$\vec{B}, B$	magnetische Flussdichte, Effektivwert
c	Lichtgeschwindigkeit
$\vec{D}$	elektrische Flussdichte
D	Teilchengröße, Kristallit
d_i	Dicke des Materials
d	Eindringtiefe
d_{si}	Schichtdicke
d	Netzebenenabstand
$\vec{E}$	elektrische Feldstärke
E	Energie
$\vec{e}_x, \vec{e}_y, \vec{e}_z$	Einheitsvektoren
f	Frequenz
$\vec{H}, H$	magnetische Feldstärke, Effektivwert
ΔH	Halbwertsbreite der FMR
$\vec{H}_{z0}$	mittlere magnetische Feldstärkekomponente in z-Richtung
$\vec{H}_0$	statische Vormagnetisierungsfeldstärke
$\vec{H}_a$	Anisotropiefeldstärke
I	elektrischer Strom
$\vec{J}$	Stromdichte
$\vec{k}$	Wellenzahl, $\underline{k} = k' - \mathrm{j}k''$
K_u	Anisotropiekonstante, gesamt
m	Masse

$\vec{M}$	Vektor der Magnetisierung
$\vec{M}_0$	Sättigungsmagnetisierung
M_0	magnetische Feldkonstante
S	Oberfläche
$\vec{S}$	Spinvektor
$S_{11}, S_{12}, S_{22}, S_{21}$	komplexe Streumatrixelemente
T	Temperatur
t	Zeit
U	reelle Funktion
U	Skalar (beliebig)
V	Volumen
x	Inversionsgrad
Z	Flächenwiderstand
Z	Impedanz
Z_0	Feldwellenwiderstand der Luft

Griechische Buchstaben

α	Dämpfungskonstante der Relaxation
β	Phasenkonstante
γ	Dämpfungskonstante elektromagnetisches Feld
γ_0	Gyrotropiekonstante
γ_0	Inversionskonstante
γ_a	Ausbreitungskonstante
Δ	allgemeine Differenz
ε	Permittivität
ε_0	elektrische Feldkonstante
ε_r	relative Permittivität
μ	Permeabilität
μ_r	relative Permeabilität
κ	elektrische Leitfähigkeit
λ	Wellenlänge
μ_B	Bohrsches Magneton
ρ	Flächenladungsdichte
τ	Relaxationszeitkonstante
χ	magnetische Suszeptibilität
ω_0	Eigenfrequenz der Rezessionsbewegung des Magnetisierungsvektors
ω_m	Eigenfrequenz des Sättigungsmagnetisierungsvektors

Abkürzungen

AC	Wechselstrom
CISPR	Internationales Komitee für Radioelektronik
CRAM	Currentless Radiation Absorption Material
DC	Gleichstrom
EMC	engl. EMV
EMI	Elektromagnetische Emission
EMS	Elektromagnetische Störfestigkeit
EMV	Elektromagnetische Verträglichkeit
EN	Europäische Norm
ESD	Elektrostatische Entladung
FFT	schnelle Fouriertransformation
FMR	Ferromagnetische Resonanz
HCP	horizontale Koppelplatte
HF	Hochfrequenz
IEC	Internationale Norm
MOM	Momenten Matrix Methode
PFC	Power Factor Correction
RAM	Radiation Absorption Material
TLM	Transmission Line Matrix Methode
UMTS	Universal Mobile Telecommunication System
VDE	Verein Deutscher Elektrotechniker

Inhaltsverzeichnis

Einleitung

Dieses Buch wendet sich an Ingenieure, Naturwissenschaftler, Studenten, Forscher und praktische Fachleute. Die Elektromagnetische Verträglichkeit entwickelt sich seit den Anfängen in den 1950er bis 1960er Jahren infolge der Impulsprobleme in der Automatisierungstechnik/Steuerungstechnik.

Einen großen Aufschwung und ein Hoch erreichte die EMV mit dem Deutschen EMV-Gesetz (EMVG) im Jahr 1996. Seit dieser Zeit ist es der Industrie allgemein bekannt, dass Geräte in einer elektromagnetischen Umgebung störungsfrei und störsicher arbeiten müssen.

Entwickler verschiedener Industriezweige beschäftigen sich intensiv mit dem Entstören bzw. EMV-Härten von elektrischen Geräten/Anlagen. Das Verständnis der Kopplungen in einer Baugruppe/Gerät und das daraus folgende EMV-Phänomen wird an einfachen Schirmbeispielen unter Nutzung von HF-Materialien deutlich.

Dieses Buch soll in einer komprimierten Darstellung von Grundlagen der Materialien und der Lösungen der Anwendung dieser Spezialmaterialien zur Schirmung den Fachleuten ein Herangehen auf hohem wissenschaftlich-technischem Niveau an die Problematik der Störphänomene ermöglichen. Es sollen Anregungen gegeben werden, in welcher Art und Weise Materialien genutzt werden können, woraus sich die Möglichkeiten zur Entstörung ableiten lassen. Denn ein „Ideales Schirmmaterial als Lösung für alle Probleme" gibt es nicht. Deshalb ist die Kenntnis der Wechselwirkung eines speziellen Materials mit den EMV-Feldern wichtig und im Buch hochaktuell dargestellt.

Es werden dem Leser an Beispielen die Wirkung der Materialien für die Schirmung erklärt und in Schirmregeln sehr konzentriert aufgezeigt.

Der Fachmann soll sich mit Hilfe der vorgestellten Beispiele mit den EMV-Phänomenen beschäftigen und über ein Eindringen in die Effekte selbst Lösungen zur speziellen Schirmung vorgeben können. Auf zu umfangreiche theoretische Erklärungen wird in diesem Buch verzichtet, jedoch werden die wichtigsten Grundlagen genannt.

© Springer Fachmedien Wiesbaden 2016
F. Gräbner, *EMV-gerechte Schirmung*, DOI 10.1007/978-3-658-10723-9_1

1.1 EMV-Gesetz-Normung

Moderne Geräte zur Kommunikation, Navigation und Datenübertragung, wie zum Beispiel Handys, GPS-Empfänger usw., arbeiten im Frequenzbereich unterhalb 6 GHz. Der
leitungsgebundene Signaltransport innerhalb der Geräte wird jedoch von der Abstrahlung
einer elektromagnetischen Welle begleitet, sodass die Belastung durch elektromagnetische
Strahlung immer mehr an Bedeutung gewinnt.

Die Geräte unterliegen somit den gesetzlichen Vorschriften zur elektromagnetischen
Verträglichkeit (EMV). Während mit dem „Gesetz über die elektromagnetische Verträg-
lichkeit von Geräten (EMVG)" vom 18.9.1998 eine wichtige Richtlinie zur Kontrolle der
Funktionstüchtigkeit von Geräten in Kraft gesetzt und dann bis 2001 mehrmals überar-
beitet wurde, besteht ein Bedarf zur Einhaltung und Kontrolle der Gewährleistung des
Personenschutzes in elektromagnetischen Feldern (DIN VDE 0848 Teil 2).

Als europäische Normen stehen hier die EN 50081 (1+2) von 1992 und 1993 zur
elektromagnetischen Verträglichkeit, Fachgrundnorm Störaussendung, sowie EN 50082
(1+2) von 1997 und 1995 elektromagnetische Verträglichkeit, Fachgrundnorm Störfestigkeit (das heißt Beeinflussbarkeit durch EMV), als Grundnormen fest.

Da die Zahl der elektrischen Geräte und insbesondere mobiler Telekommunikations-
(Handys) und Navigationsgeräte ständig wächst und diese einer ständigen technischen
Weiterentwicklung unterworfen sind, ist es erforderlich, diese betriebssicherer zu machen.
Dies erfordert, um bestehende Frequenzen nicht zu beeinflussen, neue höhere Frequenz-
bereiche zu nutzen (derzeit nutzen die Handys 0,9 und 1,8 GHz, UMTS wird bei 2,4 GHz
übertragen). Ein Ziel muss also eine optimale Schirmung von Geräten sein, die solche
Strahlung aussenden (bis auf die Sendeantenne, die aber richtungsabhängig abstrahlt).

Die Nutzung dieser hohen Frequenzen wirft aber im Vergleich zu Geräten mit niedrigeren Frequenzen (< etwa 100 MHz, wobei es wohlgemerkt keine klare Grenze gibt) neue
Probleme auf im Vergleich zu niedrigeren Frequenzbereichen:

- Die hohen Frequenzen bewirken in Metallgehäusen oder metallisierten Gehäusen wegen des so genannten Skineffektes (das heißt vereinfacht, die elektrische Leitung erfolgt nicht mehr über den gesamten Querschnitt der Metallschicht des Metalls, sondern
  konzentriert sich auf die Oberfläche) Mehrfachreflektionen.
- Darüber hinaus führt diese HF-Belastung zu einer Reduktion der Betriebssicherheit
  anderer elektronischer Komponenten, in die eine HF-Welle eingekoppelt werden kann.

Teil I
Grundlagen

Volumenmaterialien

2

2.1 Einleitung

In der Forschung und Entwicklung von neuartigen HF-Materialien für die Gehäusetechnik und in der Werkstoffentwicklung ist man an der Beschreibung der vielfältigen resistiven, dielektrischen und magnetischen Materialeigenschaften interessiert [43]. Ziel dieses FuE-Projekts ist es, die EMV-Eigenschaften von Gehäusen zu verbessern. Es ist eine erhöhte Schirmdämpfung bei gleichzeitiger Glättung der Innenfeldstärkeresonanzen zu erreichen. Elektronik soll ohne innere Feldüberhöhung in Metallgehäusen sicher funktionieren. Dazu sind neue HF-Ferritmaterialien zu entwickeln. Der Schwerpunkt dieses Forschungsprojektes liegt auf der genauen Erarbeitung der Wechselwirkung von EMV-Störenergie mit dem Ferritmaterial, Aufbau eines HF-Ferritmaterials und Test der EMV-Eigenschaften der HF-Materialien bzw. der neuartigen Gehäuse.

Man unterteilt die HF-Materialien grob in RAM (Resistive Radioabsorbing Material)- und CRAM (Currentless Radioabsorbing Material)-Materialien [1]. Der Unterschied der CRAM- und RAM-Materialien liegt darin, dass die RAM von Strom durchflossen sind und die CRAM nicht. Die Unterteilung ist deutlicher in Abb. 2.1 zu sehen.

Unter den RAM-Materialien versteht man die leitfähigen HF-Materialien, unter den CRAM-Materialien die eingeschränkt leitfähigen Materialien.

Das Ferrit-Compound-Material ordnet sich also in das CRAM-Material speziell unter den CRM (Currentless Radiofrequency Material)-Materialien ein. Die Schichtdicken der Volumenmaterialien betragen ungefähr $> 100\,\mu\text{m}$. Die noch zu diskutierenden ferrimagnetischen Schichten ordnen sich in die CRC (Currentless Radiofrequency Coating)-Materialien ein. Sie bilden als nicht bulk Material eine Sondergruppe.

Ein Unterschied zwischen den RAM- und den CRAM-Materialien liegt in der mathematischen Beschreibung. Die RAM-Materialien besitzen eine mathematisch kontinuierliche Raum-Zeit-Betrachtung. Es fließt Strom durch das Material, auch wenn die Leitfähigkeit frequenzabhängig ist. Schwierig zu betrachten sind die leitfähigen Schichten. Insbesondere die nanoskalinen leitfähigen Schichten. Einfacher sind die graphithaltigen

© Springer Fachmedien Wiesbaden 2016   5
F. Gräbner, *EMV-gerechte Schirmung*, DOI 10.1007/978-3-658-10723-9_2

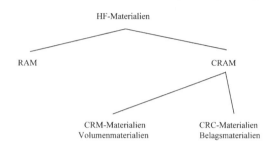

Schaumstoffabsorber (Kegel bzw. Laminate) zu betrachten. Bei dieser Art der RAM-Materialien ist rein praktisch „nur" auf eine Leitfähigkeitsbetrachtung zu achten.

Schwieriger sind die CRAM-Materialien, auch Spin-Materialien genannt, zu betrachten. Da eine diskrete mathematische Raum-Zeit Betrachtung erforderlich ist, kann man nicht mehr einfache kontinuierliche Modelle zu Hilfe ziehen [1]. Man muss die schwierigen Verhältnisse der diskreten Gittermodelle zum Beispiel der Ferritkristalle betrachten. Eine umfangreiche werkstoffphysikalische Betrachtung der CRAM-Materialien – wie im Abschn. 2.2 zu sehen – ist somit unumgänglich.

Hauptgegenstand der vorliegenden Arbeit ist somit die Beschreibung der Wechselbeziehung mikroskopische/makroskopische Werkstoffeigenschaft – HF-Verhalten. Rein kontinuierliche Betrachtungen wie bei den Graphit-Absorbern sind nicht hilfreich.

Ein Wort sei noch zum Unterschied zwischen ferrimagnetischen Volumenmaterialien (bulk) und den ferrimagnetischen Schichten gesagt. Die Betrachtung der ferrimagnetischen Schichten ist ein Beitrag zur Grundlagenforschung. Viele Artikel zu den ferrimagnetischen Schichten mit einer Schichtdicke $< 1\,\mu\mathrm{m}$ existieren nicht. Nach Perthel in [2] gehen die Effekte der herkömmlichen Festkörperphysik (Verhältnisse der Spin-Kristall-Wechselwirkung) in die Effekte der statistischen Nahordnung (Spin-Spin-Wechselwirkung der Schicht) über. Wir haben es mit der Spinwellenabsorption zu tun. Die Betrachtungen in dieser Arbeit können nur ein Anfang zur Charakterisierung der HF-Verhältnisse in dünnen ferrimagnetischen Schichten sein.

Hauptziel bei der Modellierung von ferrimagnetischen Volumen bzw. Schichtmaterialien ist der hohe HF-Verlust als $\mu''_{\mathrm{rel}}(f)$ bzw. als Reflektionsfaktor $r(f)$, der sich in einem optimalen Messsignal für die HF-Visualisierung äußern soll. Die Betrachtungen beschränken sich auf einen Frequenzbereich von 30 bis 1000 MHz. Im Ausblick (Abschn. 2.4) wird auf den Frequenzbereich $> 1000\,\mathrm{MHz}$ eingegangen.

In der theoretischen Modellierung wurde das kontinuierliche Modell von Landau und Lifschitz (LL) zur Beschreibung der diskreten Verhältnisse im Volumenmaterial behandelt. In der Schichtmodellierung wurde das LL-Modell mit Dämpfungsterm angewandt.

Der neuartige wissenschaftliche Ansatz dieser Arbeit ist das Einsetzen von Werkstoffgrößen wie das magnetische Moment, die Korngröße, die Anisotropie in das theoretische Modell und die daraus folgende Analyse der HF-Verhältnisse im Material. Diese Herangehensweise wurde auch bei der extrem aufwändigen Schichtmodellierung verfolgt.

Wichtig für die Modellierung der Materialien ist der strukturelle Aufbau der Ferritmaterialien selbst. Ohne Kenntnis der Werkstoffeigenschaften der Ferrite ist das HF-Material nicht entwickelbar. Einfachere Wechselbeziehungen ohne tiefergehende Werkstoffbetrachtungen wie bei den Graphitabsorbern sind nicht nutzbar.

Ziel der Entwicklung eines sicheren passiven elektromagnetischen Schutzsystems zur Erreichung der elektromagnetischen „Immunität" ist die Erhöhung der Schirmdämpfung und die Sicherstellung einer hohen Funktionssicherheit elektronischer Systeme.

Das Problem in den heutigen Metallgehäusen liegt in der sich stark verringernden Schirmdämpfung von Baugruppenträgern ab 500 MHz und in den vorhandenen inneren Reflektionen und Resonanzen von elektromagnetischer Strahlung bei Vorhandensein einer inneren elektromagnetischen Quelle. Wenn sich ein sensibles Bauelement/Baugruppe in einem Resonanzpunkt befindet, so kann es beeinflusst werden.

Der Lösungsansatz für ein solches Schutzsystem besteht darin, Materialverbundsysteme mit ausgeprägten HF-absorbierenden Eigenschaften zu entwickeln, die anstelle oder in Kombination mit bisher üblichen Metallisierungen oder Metallschirmungen, die den erheblichen Nachteil gehäuseinterner Reflektionen und Feldüberhöhungen haben, eingesetzt werden können.

Ihre Eigenschaft betreffend müssen diese Materialien schicht- und haftfähig auf metallischen und nichtmetallischen Untergründen sein, sie müssen hohe Permeabilität und hohe Dielektrizität aufweisen und kombinierbar oder einmischbar sein mit Kunststoffen, die für die Herstellung von Gehäusen verwendet werden.

Eine wirksame HF-Absorption bzw. Dämpfung muss bereits mit Schichtstärken unterhalb 1 mm (ideal < 0,1 mm) erreichbar sein.

Die neu zu entwickelnden Materialien sollen mit ihren besonderen elektrischen/magnetischen Eigenschaften in der Informationsgesellschaft des 21. Jahrhunderts die immer höheren Anforderungen an eine störunempfindliche Elektronik zu meistern helfen.

Ziel der Arbeit ist einen hohen Grad an Zuverlässigkeit in der informationsverarbeitenden Elektronik durch eine neue Art des Gehäuseaufbaus zu erreichen. Neue Materialien, welche besondere elektrische/magnetische HF-Eigenschaften haben sollen, besitzen die Aufgabe, das einfache Metallgehäuse der Informationselektronik durch einen Materialverbund abzulösen, der aus Metall/HF-absorbierendem dünnem Werkstoff oder einem Polymer-Absorber-Festgemisch besteht.

Somit leiten sich aus dem Ziel Werkstoffe mit besonderen, noch nicht vorhandenen Eigenschaften ab wie:

- hohe HF-Dämpfung
- hohe ε''- und μ''-Werte
- geringe Dicke
- besondere mechanische Werte: geringe Härte, bohrbar
- möglichst geringe Änderung der elektromagnetischen Eigenschaften bei Spannungsbeanspruchung
- Aggregatzustand: fest, flüssig, oder als Laminat auftragbar/klebbar.

2.2 Mikroskopische und Makroskopische Eigenschaften von Spinellferriten

Die Kenntnis des Kristallaufbaus von Mikrowellenferriten ist von großer Bedeutung, da auch die Absorptionseffekte ihre Ursprünge in atomaren bzw. kristallinen Struktureigenschaften haben. Mit physikalischen Modellen, ausgehend von den Werkstoffgrundlagen, lassen sich die Aufnahmeeffekte von HF-Energie, die Umwandlungseffekte und die resultierenden Energieformen (Wandbewegung der Domänen, gequantelte Spinwellen, Relaxationseffekte, Resonanzeffekte, dynamische Drehbewegungen usw.) beschreiben.

Ferrite sind Materialien mit einem hohen resultierenden magnetischen Moment [5]. Dies äußert sich in dem Vorhandensein eines Differenzenmoments bzw. eines resultierenden Spins im Material [3]. Die ferrimagnetischen Materialien sind sehr vielfältig und in den verschiedensten Strukturen vorhanden. In der Tab. 2.1 sind die wichtigsten Ferritarten aufgeführt.

In diesem Kapitel soll der Aufbau der Ferrite möglichst einfach dargestellt werden. Die Ferrite sind in folgende Hauptgruppen eingeteilt:

- Spinelle
- Granate
- Magnetoplumbine
- Ferrite des Typs Y mit Hexagonalstruktur
- Ferrite des Typs W mit Hexagonalstruktur
- Orthoferrite

Die Beschreibung des genauen Aufbaus der genannten Ferrite würde das Thema dieser Arbeit mit Kenntnis der Grundzusammenhänge sprengen, deshalb werden nur die

Tab. 2.1 Anwendung und Eigenschaften der wichtigsten Ferritgruppen

Kristall	Strukturtyp	Vertreter	Frequenz-bereich	Technische Anwendung
Kubische Einheitszelle	$Me^{2+}_x Me^{3+}_{3-x} O_4$	Mangan, Zink, Ferrit Nickel, Zink, Ferrit	1 MHz–1 GHz	UKW, EMV
Kubisch kompliziert	$(Me)^{2+}_3 (Me)^{3+}_5 O_4$	Seltene Erden	1,5–3,5 GHz	Nachrichten-technik
Hexagonale Einheitszelle	$(Me)^{2+}_1 (Me)^{3+}_{12} O_{19}$	Sr Ferrite	1–25 GHz	Mikrowellen-technik
Hexagonal symmetrisch	Folge von T und S, Spinellen	$Ba_2 Me_2 Fe_{12} O_{22}$	500 MHz	Feldgesteuertes Bauelement
Hexagonal, bestehend aus 3 Spinellstrukturen	Folge von M, Y und S, Spinellen	$Ba_2 Me_2 Fe_{24} O_{41}$	> 1 GHz	Mikrowellenm.
Orthoferrite				Keine technische Anwendung

Abb. 2.2 Vereinfachte Spinellstruktur nach Philippow

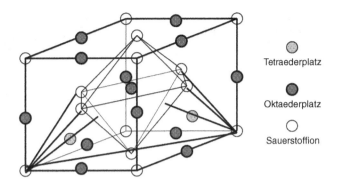

Tetraederplatz

Oktaederplatz

Sauerstoffion

wichtigsten Eigenschaften in Tab. 2.1 angegeben [4, 5]. Auf die für den interessanten Frequenzbereich wichtigste Gruppe, die Gruppe der Spinelle, wird stärker eingegangen.

Diese Arbeit befasst sich ausschließlich mit der Ferritgruppe der Spinelle. Zur besseren Einschätzung der Ferriteinkristalle und deren Eigenschaften seien folgende Betrachtungen zum NiZn-Ferrit aufgeführt.

Das in der teilweise inversen Spinellstruktur kristallisierende NiZn-Ferrit stellt sich in der folgenden Art und Weise dar. Eine vereinfachte Darstellung der Spinellstruktur [6] zeigt Abb. 2.2.

Spinelle der allgemeinen Formel A_2BO_4 bestehen aus einer kubisch dichtesten Kugel-packung der Sauerstoffatome [9], in der die Hälfte der oktaedrischen Lücken und 1/8 der tetraedrischen Lücken mit den Metallatomen besetzt sind. Für den Fall, dass die tetraedri-schen Lücken ausschließlich von den zweiwertigen A-Atomen besetzt sind, spricht man vom normalen Spinell. Besetzen die zweiwertigen A-Atome dagegen die oktaedrischen Lücken und die Hälfte der dreiwertigen B-Atome die tetraedrischen Lücken, so spricht man vom inversen Spinell. Für die technisch interessanten Ferrite liegen in der Regel jedoch intermediäre Spinelle mit Übergängen zwischen der normalen und der inversen Verteilung vor.

Für die hier interessierenden NiZn-Ferrite gilt folgende allgemeine chemische For-mel:

$$[Fe^{3+}_{1-x}Zn^{2+}_x]^{tet}[Fe^{3+}_{1+x}Ni^{2+}_{1-x}]^{okt}O_4$$

Die aufgeführten Spinelleigenschaften gelten für das Einkristall. Die realen Verhältnisse im Vielkristall unterscheiden sich stark von den Werkstoffeigenschaften der Einkris-talle. Auch die HF-Eigenschaften der Einkristalle unterscheiden sich von den Viel-kristallen.

Beim Vergleich der mathematisch physikalischen Modelle [6, 13, 14] zum theoreti-schen Resonanzverhalten der Ferrite in Abhängigkeit von den verschiedenen Konstanten K_1, K_2, M, H_0, τ, M_0, vom Winkel der Einstrahlung des HF-Feldes bei texturierten Fer-riten [16] und von den experimentellen Ergebnissen der HF-Verluste von Polykristallen bzw. von Ferrit-Compositen [1, 2, 5] sind Widersprüche zu verzeichnen.

Abb. 2.3 Aufbau eines Polykristalls ohne vorhandene
Textur

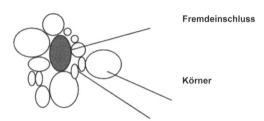

Fremdeinschluss

Körner

Widerspruch 1 Nach Kupizka [10] gibt es Unterschiede der theoretischen Absorption von $\chi''(H)$ zur praktischen Messung. Die theoretische Kurve $\chi''(H)$ weist stark überhöhte Peaks auf. Die gemessenen $\chi''(H)$ Kurven besitzen diese Spitzen nicht und sehen stark abgeflacht aus.

Widerspruch 2 Nach [4] kann ebenso festgestellt werden, dass die theoretischen Resonanzfrequenzen in realen polykristallinen Proben selten mit den theoretisch berechneten Größen übereinstimmen.

Die realen gesinterten Ferrite [11] sind nun als Polykristall gefertigt worden. Wie ist nun ein Polykristall eines Ferrites aufgebaut?

Nach Blumenauer [12] ist eine polykristalline Probe wie in Abb. 2.3 dargestellt aufgebaut.

In realen Kristallen sind Fremdeinschlüsse bzw. bei nicht ausreichenden Sintertemperaturen ($T < 1200\,°C$) ebenso Fremdphasen vorhanden. Alle Körner sind bei nicht texturierten Proben regellos verteilt und mit unterschiedlichen Korngrößen (minimale Größe bis zu 10 nm [11]) im Polykristall angeordnet.

Die allgemeine Literatur [8] geht nicht von einer Teilchengröße, sondern von einer Teilchengrößenverteilung aus, in der eine Teilchengröße den höchsten Anteil hat. Die Korngröße und Korngrößenverteilung wird im nächsten Kapitel näher behandelt.

In Abb. 2.4 ist die Schliffdarstellung eines MnZn-Ferrit-Polykristalls zu sehen.

Nun sollen mit Hilfe der Eigenschaften des polykristallinen Ferrites die Widersprüche diskutiert werden.

Zu den Widersprüchen Die gestellte Frage ist nun nach Betrachtung einer Beispielorientierung der Körner in einem Polykristall zu beantworten. Die Gesamtverlustpermeabilität je Frequenz im Polykristall ist ein Mittelwert aller Teilpermeabilitäten μ_i'' der Kristallite.

Die Verluste aller verschieden orientierten und verschieden verteilt großen Körner und die damit verbundenen auch verschiedenen Resonanzverlustcharakteristika sind zu superpositionieren.

Es wurde veranschaulicht, dass eine Summe von Teilpermeabilitäten wirkt, die im Mittelwert keine so eindeutige Resonanzkurve ergibt wie in den Verhältnissen des Einkristalls bzw. wie in den bisherigen theoretischen Betrachtungen vermutet wurde.

Abb. 2.4 Gefüge MnZn-Ferrit. (Quelle: HITK Hermsdorf)

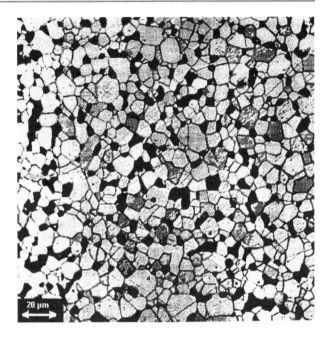

Die Mittelwertkurve dieser Summe der Teilverluste der einzelnen als „Ferriteinkristalle" aufgefassten Körner im Polykristall ergibt gegenüber einer „ferrite single crystal" Verlustkurve bzw. gegenüber der theoretischen Vorbetrachtung zwei Aussagen:

- Verbreiterung des Resonanzcharakters der Permeabilität (Ursache ist die Mittelung der Absorptionspeaks)
- Verschiebung der Resonanzfrequenz.

Wenn zusätzlich zu den erklärten Mechanismen der Mittelung der Teilverlustprozesse mit dem Ergebnis einer Verbreiterung der Resonanzkurve noch eine magnetische Ausdünnung in einem Polymer-Ferrit-Werkstoff hinzukommt, so ist kaum ein Resonanzverhalten in einer mit der Frequenz linear steigenden Permeabilitätskurve zu vermuten. Vorhanden ist jedoch auch im Polykristall die Resonanzeigenschaft der Verluste.

In einem Polykristall sind die dipolaren Wechselwirkungen der Kristallite zu beachten, ebenso sind im Volumen die Löcher, Poren [11] und Risse in Erwägung zu ziehen. Es kommt in realen Materialien zur Verschiebung des Resonanzfeldes H_i. Das innere Resonanzfeld wird normal aus den Größen K_1 (Anisotropiekonstante 1. Ordnung) und M berechnet. Nun kommen noch V (Volumen der Gesamtprobe) und v (Volumen der Poren) hinzu.

Da auf die Größe des inneren Feldes reale Materialgrößen Einfluss haben, ist zu schlussfolgern, dass über die Gyrotropiekonstante γ und in Verbindung mit der „normalen" Resonanzfeldstärke H_{res} die Verschiebung der Resonanzfrequenz nach Okamura berechnet werden kann. Somit konnten über den Aufbau des Vielkristalls die Widersprüche 1 und 2 diskutiert werden.

Ausgehend von den Diskussionen zum Aufbau von Polykristallen sollen die mittlere komplexe Permeabilitätskomponente $\mu''_{\text{Polyk}}(H)$ in Polykristallen angestellt werden. Aufbauend auf die Verhältnisse im Polykristall [12] wird die Gaußverteilung [8, 18] der Orientierung der Körner [16] angenommen.

$$\mu''_{\text{Polyk}}(H) = \frac{1}{0{,}08\pi} \sum_{i=0}^{\infty} \mu''(H) K_{\text{ERF}} \qquad (2.1)$$

K_{ERF} Wahrscheinlichkeitskonstante
$\mu''(H)$ mittlere komplexe Permeabilität jedes Korns i
i Average.

Schlussfolgernd ist zum HF-Verlust im Polykristall zu sagen, dass die Wahrscheinlichkeit der Körnerausrichtungen und der Mittelwert aller Kornverluste eine wichtige Rolle bei den Gesamtverlusten spielen.

Neben der Betrachtung des realen Falles Polykristall ist die Analyse einer möglichen Textur [29] wichtig. Bei Ba-Ferriten und Co_2Z besitzen die texturierten Materialien gegenüber den nichttexturierten Materialien die höheren komplexen Permeabilitätsverluste μ'' [9, 10].

Dieser Fakt, der für gesinterte Ferrite, aber auch für Ferritverbundmaterialien gilt, soll auch für Ferrit Compounds bzw. für Ferrit-Compound-Folien untersucht werden.

Die Erklärung der Zusammenhänge zwischen Resonanzabsorption und Texturerscheinungen [10] folgt in Kap. 2 und Abschn. 2.7.

Die realen Verhältnisse im Vielkristall unterscheiden sich stark von den Werkstoffeigenschaften der Einkristalle. Auch die HF-Eigenschaften der Einkristalle unterscheiden sich somit von den Vielkristallen.

Basierend auf den im letzten Kapitel beschriebenen mikroskopischen und makroskopischen Werkstoffeigenschaften sind die im nächsten Kapitel aufgeführten HF-Wechselwirkungen zu erklären.

Die Ferrite sind stark magnetisch. Es sollen nun, basierend auf den Werkstoffeigenschaften, die HF-Verluste näher betrachtet werden.

Die Kenntnis des Kristallaufbaus von Mikrowellenferriten ist von großer Bedeutung, da auch die Absorptionseffekte ihre Ursprünge in atomaren, molekularen und kristallinen Struktureigenschaften haben.

Mittels der mikroskopischen und makroskopischen Werkstoffgrößen

M Magnetisierung resultierend aus den Untergitterplätzen der Anionen der Untergitter
      der verschiedenen Ferritkristalle (Granat, Spinell, ..., hexagonale Strukturen)
γ Inversionsgrad, Änderung der Gitterplätze

d mittlere Korngröße

a Gitterabstand

Ps Korngrößenverteilung und Orientierung

T Relaxationszeitkonstante

K_1 Anisotropiekonstante

K Texturkonstante

...

ist ein Einfluss auf den HF-Verlust nach dem folgenden Magnetdynamikmodell im folgenden Kapitel zu nehmen.

Die HF-Wechselwirkungen in ferritischen Volumenmaterialien sind sehr vielfältig. In diesem Kapitel werden die Theorien der Verlustarten der Domänen (Relaxation, Resonanz) und die Pinningverluste nicht betrachtet.

Wir gehen ideal von einem Eindomänenverhalten aus. Ebenso werden die mechanischen Effekte wie die Wandlung der piezomagnetischen Erscheinung in den elastischen Stress nicht weiter diskutiert.

Mit physikalischen Modellen, ausgehend von den Werkstoffgrundlagen, lassen sich die Aufnahmeeffekte von HF-Energie, die Umwandlungseffekte und die resultierenden Energieformen (Wandbewegung der Domänen, gequantelte Spinwellen, Relaxationseffekte, Resonanzeffekte, dynamische Drehbewegungen) beschreiben. Nach Kenntnis der physikalischen Modelle werden messbare Parametergleichungen aufgestellt, die eine allgemeine Beschreibung der Phänomene zulassen.

Basierend auf diesen makroskopischen Gleichungen ist nun im Idealfall ein Begriff wie die Absorption zu erklären. In unserem Fall ist die HF-Absorption als Gesamtphänomen bisher nicht zu beschreiben, was mit der Vielzahl der verschiedenen Prozesse zu begründen ist. Auch eine Beschreibung der eindeutigen Ursachen (zum Beispiel Niedrigfeldverluste) ist in der Literatur oft nicht angegeben. Diese Arbeit soll eine Hilfe bei der Suche nach dem Universalbegriff Absorption sein.

Unter Beachtung der Absorption sind thermodynamische Probleme bei Mikrowellen-Ferrit-Polymeren zu diskutieren. Dies ist ein neuer Anwendungsfall der Ferritstoffe. Eine erste Darstellung der Energieumwandlung von HF-Energie im Volumenferrit soll die vereinfachte Tab. 2.2 erklären.

Ebenso sind die HF-Wechselwirkungen in Schichten/Schichtsystemen repräsentativ zu betrachten: In Tab. 2.2 ist zu sehen, dass viele Effekte eine Rolle im Volumenmaterial des HF-Ferrites spielen. Einige Effekte werden in dieser Arbeit einzeln theoretisch und experimentell betrachtet. Leider vermischen sich die Effekte und gehen im Frequenzbereich fließend ineinander über. Es ist kaum möglich, mit nur einer Werkstoffgrößenänderung nur einen HF-Effekt zu beeinflussen. Es sind nur die wichtigsten Spinwellenverlustarten genannt.

Ziel der Betrachtungen muss es aber sein, die Wirksamkeit der Beeinflussung der einzelnen mikroskopischen und makroskopischen Werkstoffeigenschaften auf den Gesamtverlust, der sich in Tab. 2.2 aus den gesamten Teilverlusten zusammensetzt, einzuschätzen.

Tab. 2.2 Verschiedene
Verlustarten nach den Frequenzbereichen geordnet

HF-Effekt im Ferrit	Frequenzbereich
Bloch-Wandverluste	< 1000 Hz
NF-Relaxationsverluste	rund 1 kHz
NFMR	MHz-Bereich bis GHz
Natürliche Spinwellen	MHz-Bereich bis GHz
Spinwellen	ab 800 MHz
FMR	GHz
Spinwellen Relax.	GHz
Austauschverlust	100 GHz

2.3 Modelle der klassischen Feldtheorie (Maxwell) im Vergleich zur Landau-Lifschitz-Theorie

Magnetische Materialien für die Höchstfrequenztechnik und Mikrowellentechnik sind seit vielen Jahren theoretisch und experimentell betrachtet worden. Die berühmten russischen Physiker Landau und Lifschitz haben 1932 die Theorie der Ferromagnetischen Resonanz erarbeitet.

Der berühmte Physiker Kittel hat in den USA in den 1960er Jahren die kittelsche Resonanzfrequenz von magnetisierten Materialien vorhergesagt. Der klassische Feldtheoretiker Maxwell kann ebenso zu zeitlich dynamischen Aussagen der Feldausbreitung in isotropen/nichtisotropen Materialien zitiert werden. Nicht zuletzt wird auch dem bekannten Physiker Michael Faraday der ambivalente Satz nachgesagt: „Jedes Material ist magnetisch, es kommt nur darauf an, wie stark."

2.3.1 Klassische Feldtheorie nach Maxwell

Im folgenden Kapitel sollen Aussagen zum Resonanzverhalten einer magnetisch leitfähigen Eisenschicht (Fe) mittels der klassischen Maxwelltheorie dargelegt werden [83].

Es gelten die allgemeinen maxwellschen Gleichungen in Differentialform. Vereinbarung:

- Die Größen E, B, H, D, k und r seien vektorielle und komplexe Größen.
- Die Materialgrößen seien linear, homogen und isotrop.
- Das Material sei Fe.

$$\Delta E = \mu\kappa(\partial E/\partial t) + \mu\varepsilon(\partial^2 E/\partial t^2) \qquad (2.2)$$

$$\Delta H = \mu\kappa(\partial H/\partial t) + \mu\varepsilon(\partial^2 H/\partial t^2) \qquad (2.3)$$

$$E = E_0 e^{j(\omega t - kr)} \qquad (2.4)$$

$$H = H_0 e^{j(\omega t - kr)} \qquad (2.5)$$

$$(2.2) + (2.3) + (2.4) + (2.5): \quad \mu\varepsilon\omega^2 - \mu\kappa j\omega - k^2 = 0$$

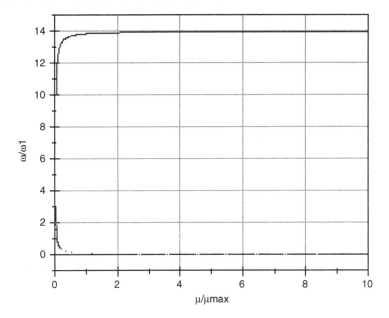

Abb. 2.5 Abhängigkeit der Permeabilität von der Frequenz nach dem Maxwell-Modell

Die Frequenz sei nun komplex betrachtet:

$$\omega = \eta + \mathrm{j}\delta_1$$

Betrachtet man nun Gl. 2.2 bis Gl. 2.5 rein imaginär, das heißt $k^2 < \kappa^2 \mu / 4\varepsilon$, dann ergibt sich folgende Resonanzfrequenzbeschreibung eines Fe-Materials:

$$\delta_2 = \frac{\sigma}{2\varepsilon} \pm \sqrt{\left(\frac{\kappa}{2\varepsilon}\right)^2 \cdot \frac{k^2}{\mu\varepsilon}} \tag{2.6}$$

Die Abhängigkeit der theoretischen Frequenz $\delta_2 = \omega$ vom Betrag der komplexen Permeabilität μ ist in Abb. 2.5 zu sehen.

Es ist in Abb. 2.5 ein eindeutiges symmetrisches Resonanzverhalten des Fe-Materials mit einer Resonanzfrequenz zu konstatieren. Nach der nachfolgenden Landau-Lifschitz-Theorie sieht die Permeabilitätskurve einer Tensorkomponenten wie in Abb. 2.6 dargestellt aus. Die genaue Berechnung folgt im Abschn. 2.4.

Die Abhängigkeit der komplexen Permeabilitätstensorkomponente von der Frequenz sei am Beispiel μ_{13}'' in Abb. 2.5 und 2.6 dargestellt.

Es ist ein Resonanzverhalten ähnlich der NFMR-Berechnung (Landau-Theorie) in Abb. 2.6 zu sehen. Die maxwellsche Theorie ist nicht als falsch anzusehen, jedoch ist die phänomenologische Theorie von Landau und Lifschitz besser mit den Messergebnissen korrelierbar. Nicht zuletzt deshalb, weil die innere magnetische Feldstärke direkt von

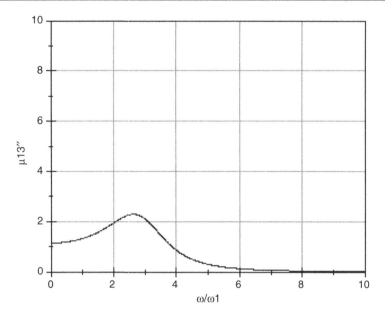

Abb. 2.6 Abhängigkeit der Permeabilitätstensorkomponente μ''_{13} von der Frequenz nach dem Landau-Lifschitz-Modell für Fe-Material-Resonanzverhalten

Materialgrößen wie der Dipolfeldstärke, dem magnetischen Moment, der Anisotropie abhängt. Die Landau-Lifschitz-Theorie nutzt mehr Werkstoffgrößen als die Maxwellschen Feldgleichungen.

2.4   Betrachtungen zu HF-Verlusten in Ferrit Compounds und Ferritschichten

2.4.1   FMR-Inversionsgrad in Ferritvolumenmaterialien

Theoretische Betrachtung Die vorgestellten Betrachtungen gelten für das Ferritcompound, auch wenn auf das Miravithen-Polymer nicht eingegangen wird, ebenso wird von unendlich ausgebreitetem Material ausgegangen [43]. Es entfallen damit Entmagnetisierungsfaktoren.

Für magnetische Materialien gilt:

$$\vec{B} = \mu \vec{H} \tag{2.7}$$

$\vec{B}$ magnetische Induktion
$\vec{H}$ magnetische Feldstärke
μ Permeabilität.

Für isotrope Ferrite gilt:

$$\mu = \mu' - j\mu''$$

Für anisotrope Ferrite ist die Richtungsabhängigkeit der magnetischen Eigenschaften zu berücksichtigen. μ ist im allgemeinen Fall ein Tensor 2. Stufe.

Untersucht man jetzt Ummagnetisierungsvorgänge bei hohen Frequenzen [9], so muss in erster Linie die ferrimagnetische Resonanz [10] berücksichtigt werden. Grundlage für die mathematische Beschreibung dieser Erscheinung bildet die Landau-Lifschitz-Gleichung.

Der dämpfungsfreie Fall [11] gilt für die zeitliche Änderung des Magnetisierungs-vektors. Es wird von Bedingungen ausgegangen, die eher der NFMR (Natürliche Ferromagnetische Resonanz) entsprechen als der FMR (Ferromagnetische Resonanz). Das Ferritmaterial wurde nur mit einer Spule mit einem Strom im A-Bereich betrieben.

Das entstehende statische Magnetfeld $\vec{H}_0$ war sehr klein, sodass nicht von der FMR gesprochen werden kann.

$$(1/\gamma_0)\frac{\partial \vec{M}}{\partial t} = -(\vec{M} \times \vec{H}_{\text{eff}}) \tag{2.8}$$

Weiterhin gilt:

$$\vec{M}_0 = -\gamma \vec{H}_0$$

$$\vec{\omega}_{\text{m}} = -\gamma \vec{M}_0$$

$\vec{\omega}_{\text{m}}$ Winkelgeschwindigkeit des Sättigungsmagnetisierungsvektors.

Das effektive H-Feld setzt sich aus den Wechselwirkungen der inneren und äußeren Magnetfelder im Ferritmaterial zusammen. Die inneren Magnetfelder wie zum Beispiel das Pinningfeld und das Anisotropiefeld (der reinen undotierten Spinelle) sollen gegenüber dem äußeren HF-Feld bzw. dem statischen Magnetfeld klein sein.

Bei Einstrahlung kleiner Feldstärken gilt:

$$|H_x|, |H_y|, |H_z| \ll H_0$$

Für den hier interessierenden Fall gilt:

$$|H_x|, |H_y|, |H_z| \geq H_0$$

Die einfallende Welle sei mit der Magnetisierung gleichgerichtet. Für die Magnetisierung [9, 12] gilt mit dem harmonischen Ansatz:

$$\vec{M} = \vec{M} e^{j \cdot (\vec{\omega} \cdot t)} \tag{2.9}$$

und mit Gl. 2.8 und Gl. 2.9 ergibt sich das folgende Gleichungssystem:

$$\mathrm{j}\omega M_x = -2\overline{\omega}_0 M_y + 2\omega_\mathrm{m} H_y$$

$$\mathrm{j}\omega M_y = 2\omega_0 M_x - 2\omega_\mathrm{m} H_x$$

$$\mathrm{j}\omega M_z = \gamma (M_x H_y - M_y H_x)$$

Mit den Annahmen $H_x = H_y = H_0$ kann dieses weiter vereinfacht werden. In einem nächsten Schritt wird in der Landau-Lifschitz-Gleichung unter Nutzung der komplexen Eigenfrequenz die Dämpfung α [19, 23] berücksichtigt.

Zur Berechnung des Permeabilitätstensors für den NiZn-Ferrit muss für diesen in der teilweise inversen Spinellstruktur kristallisierenden Ferrit die Magnetisierung bestimmt werden.

Die Grundlagen dazu wurden im Kapitel erklärt. x ist ein Maß für den Grad der Inversion. Für einen vollständig inversen Spinell ist $x = 0$ und für einen normalen Spinell ist $x = 1$. In der Literatur wird üblicherweise der Inversionsgrad γ zur Beschreibung der Inversion benutzt. Es gilt

$$\gamma = 1 - x$$

$\gamma = 0$ für den normalen Spinell und $\gamma = 1$ für den inversen Spinell. Das magnetische Moment des NiZn-Ferrites pro Formeleinheit berechnet sich nach folgender Gleichung:

$$M = [5(1 + x) + 2(1 - x) - 5(1 - x)]\mu_\mathrm{B} = [8x + 2]\mu_\mathrm{B}$$

μ_B Bohrsches Magneton.

Es ist zu beachten, dass die obige Beziehung nur für $x < 0{,}35$ gilt [14].

Oberhalb dieses Wertes steigt die Magnetisierung zunächst nicht mehr linear an und fällt ab ca. $x = 0{,}5$ wieder deutlich nichtlinear ab. Die Ursache ist vermutlich eine antiparallele Ausrichtung der Momente auf den Oktaederplätzen. Für $x = 0$ erhält man damit eine Magnetisierung von $M = 2\mu_\mathrm{B}$ und für $x = 0{,}35$ von $M = 4{,}8\mu_\mathrm{B}$.

Die Beträge von M sind in die Gleichungen der Verlustgrößen $\mu''_{m,n}$ des Permeabilitätstensors einzusetzen. Es werden zum Beispiel die Summe der Tensorelemente $\sum \mu''_{m,n}$ des nichtinversen und inversen NiZn-Ferrits in den Graphiken Abb. 2.7 und 2.8 verglichen. Interessant ist der Vergleich der Flächenintegrale der Permeabilität.

Beide Kurven sehen sehr ähnlich aus. Es sind nur geringe Verlusterhöhungen zu erwarten. Die Verlusttensorkomponente $\sum \mu''_{m,n}$ ist bei einer Erhöhung des Inversionsgrades vom Flächenintergral her höher zu bewerten, die anderen komplexen Tensorkomponenten sind klein gegenüber $\sum \mu''_{m,n}$.

Bei Erhöhung des Inversionsgrades γ ist eine Erhöhung der HF-Verluste zu erwarten. Dies wird stark vereinfacht mit einer Verringerung des resultierenden magnetischen Moments begründet (für einen vollständig inversen NiZn-Ferrit mit $\gamma = 1$ ist $M = 2\mu_\mathrm{B}$, für einen teilweise inversen Spinell mit $\gamma = 0{,}65$ ($x = 0{,}35$) ist $M = 4{,}8\mu_\mathrm{B}$). Es ist somit eine Besetzung der tetraedrischen Lücken mit Fe^{3+} anzustreben.

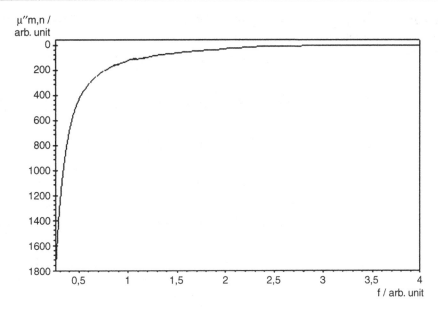

Abb. 2.7 Theoretisch $\sum \mu''_{m,n}$ zum Beispiel des normalen Spinells NiZn-Ferrit

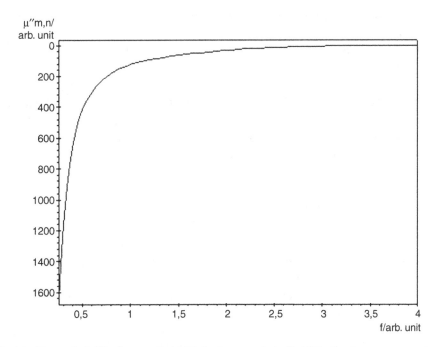

Abb. 2.8 Theoretisch $\sum \mu''_{m,n}$ zum Beispiel des inversen Spinells NiZn-Ferrit

Abb. 2.9 Messanordnung
zur Messung der komplexen
Permeabilität $\mu_r = \mu_r' - j\mu_r''$

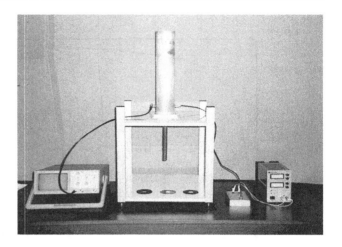

Nicht berücksichtigt wurde hier die mögliche Anwesenheit von zweiwertigen Eisen, wobei der Übergang $Fe^{3+} \rightarrow Fe^{2+}$ wahrscheinlich ausschließlich auf den oktaedrischen Plätzen stattfindet.

Experimentelle Betrachtung Der in Abb. 2.9 zu sehende Hohlleitermessplatz [19] zur Messung der Resonanzabsorptions-verluste wurde für einen Frequenzbereich $f = 200$ bis 1000 MHz berechnet und dimensioniert. Die notwendige IEC-Norm [16] wurde beachtet (Abb. 2.9).

Die zur Bewertung der HF-Verluste zu messende Größe ist der Imaginärteil der komplexen Permeabilität [17]. Wie im Kapitel festgestellt wurde, handelt es sich um keine große Inversionsverschiebung, demnach ist keine extrem hohe Verlusterhöhung im Hohlleiter zu erwarten. Ebenso nachteilig ist der hohe Grad an nichtmagnetischen Bestandteilen in der Hohlleiterprobe (Polymer-Wachs).

2.4.2 Fehlerdiskussion

Als Durchmesser des Resonators wurden etwa 100 mm angestrebt, um eine gute Handhabbarkeit zu gewährleisten. Die Länge des Außenleiters muss mindestens ein Viertel der minimalen Wellenlänge betragen.

Bei der geforderten unteren Frequenz von 200 MHz sind das 375 mm. Um eine homogene Feldverteilung zu erreichen, wurde eine Länge von 550 mm gewährleistet.

Der Boden des Resonators wurde gleichzeitig als Kurzschlussplatte ausgeführt. Die Hauptresonanzen des Rundhohlleiters liegen mit dem realisierten Innenrohr-/Außenrohrdurchmesser-Verhältnis bei H_{011}-Anregung über 1 GHz.

Es wurden Referenzmessungen an einem bekannten HF-Compound-Material durchgeführt. Der bestimmte relative Fehler ist frequenzabhängig und in der Tab. 2.3 aufgeführt.

Tab. 2.3 Abhängigkeit des relativen Fehlers der Messanordnung von der Frequenz

f [MHz]	200	300	400	500	600	700	800	900	1000
μ_{x_i}/x_i	0,001	0,01	0,02	0,05	0,08	0,07	0,02	0,01	0,001

Für das Messverfahren kann mit einem mittleren Fehler von 5 % über dem Frequenzbereich gerechnet werden. Die Messergebnisse der Absorptionsverluste werden in Abb. 2.10 und 2.11 dargestellt.

Die magnetischen Verluste, welche für die Visualisierung eine Rolle spielen, sind in den $\mu''(f)$-Kurven dargestellt. Zum Vergleich zur vorgestellten Probe mit erhöhtem Eisenoxidanteil wurde der Verlust der Probe mit niedrigerem Eisenoxidanteil herangezogen.

Mittels einer theoretischen Vorbetrachtung wurde festgestellt, dass eine Inversionsgradverschiebung den Resonanzabsorptionsverlust erhöhen könnte.

Der Inversionsgrad des Ferrit-Pulvers wurde mit der Röntgenpulverbeugungsanalyse eingeschätzt. Als Kennzeichen einer Inversionserhöhung wurde im Spinell eine Gitterkonstantenerhöhung angenommen. Die Messwerte der Gitterkonstanten haben eine nur

Abb. 2.10 Magnetischer HF-Verlust $\mu''_{rel}(f)$ eines Polymer-Nickel-Zink-Ferrites (Korngröße $< 10\,\mu m$) Hohlleiterprobe mit niedrigem Inversionsgrad (Fe-Anteil 58 mol-% Fe_2O_3). (Quelle: Kaschke KG, Göttingen)

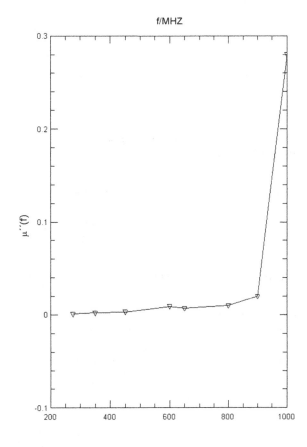

Abb. 2.11 Magnetischer HF-Verlust $\mu''_{\mathrm{rel}}(f)$ eines Polymer-Nickel-Zink-Ferrites (Korngröße $< 10\,\mu\mathrm{m}$) Hohlleiterprobe mit höherem Inversionsgrad (Fe-Anteil 68,7 mol-% Fe_2O_3). (Quelle: Kaschke KG, Göttingen)

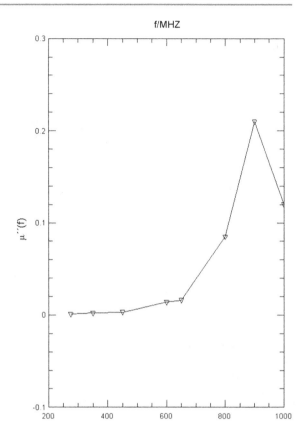

geringe positive Gitteraufweitung dargestellt. Ein nur wenig erhöhter magnetischer HF-Verlust war zu erwarten.

Die Messergebnisse als Flächenintegral des Absorptionsverlustes μ'' über der Frequenz bestätigen die theoretischen und werkstofftechnischen Vorbetrachtungen. Eine geringe Erhöhung des Verlustes μ'' über der Frequenz ist von dem Polymer-Ferritabsorber mit gering erhöhter Inversion zum Polymer-Ferritabsorber mit geringerem Inversionsgrad festzustellen.

Auf der Grundlage theoretischer Vorbetrachtungen zum Inversionsgrad wurde ein neuer Ferritwerkstoff vorgeschlagen der für solche Anwendungen in der HF-Technik [18, 19] wie der 2D-Visualisierung [20] elektromagnetischer Felder, geeignet erscheint. Polymer-NiZn-Ferrit-Proben mit einem experimentell nachgewiesenen erhöhten Inversionsgrad zeigen einen erhöhten HF-Verlust. Es ist eine geringe Verlusterhöhung als Flächenintegral von μ'' über der Frequenz f zu erkennen (Abb. 2.11).

Der Vollständigkeit halber seien auch die Literaturstellen [13] und [19] erwähnt, in denen der Inversionsgrad der verschiedenen Kristalle eine Rolle spielt. Experimente ha-

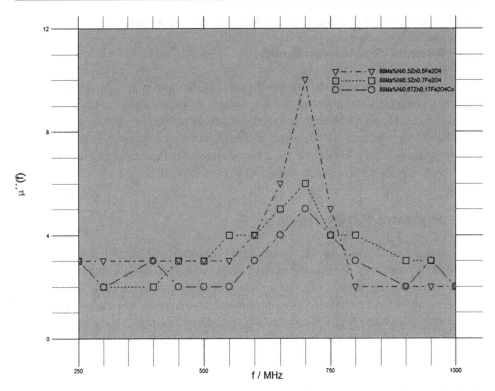

Abb. 2.12 Darstellung von μ'' in Abhängigkeit vom Inversionsgrad von $Ni_{1-x}Zn_xFe_2O_4$-Ferrit. Compound mit 88 Ma-% Ferrit ($x = 0,3, \ldots, 0,8$). (Quelle: HITK Hermsdorf)

ben für diesen Fall nachgewiesen, dass bei einem höheren Inversionsgrad für bestimmte Spezialfälle $\mu''(f)$ sogar fällt. Dies ist im nächsten Experiment dargestellt.

Es wurden folgende Zusammensetzungen des NiZn-Ferrites gewählt. Das Ferrit wurde wieder mit einem Polymergranulat gemischt und compoundiert.

$$Ni_{1-x}Zn_xFe_2O_4 \quad \text{mit } x = 0,3, 0,4, 0,5, 0,6, 0,7, 0,8$$

Mit steigendem x-Anteil steigt der Inversionsgrad. Die HF-Verluste wurden gemessen und sind in Abb. 2.12 zu sehen.

Es ist der Anstieg des HF-Verlustes global vom Inversionsgrad x erkennbar. Wobei jedoch, wie in den vorigen Darstellungen angedeutet, ein Abfall des Verlustes vom Inversionsgrad zu verzeichnen ist. Somit ist das Problem Inversionsgrad sehr spezifisch abhängig von der Mikrostruktur des Ferrites. Die theoretischen Betrachtungen zum Inversionsgrad wurden durch experimentelle Messungen nachgewiesen.

2.5   Dielektrische Messungen an Magnetmaterialien

2.5.1   Auswahl des Messverfahrens

Zur Bestimmung der komplexen Permittivität eines Stoffes gibt es verschiedene Messverfahren [2], abhängig unter anderem von der Art des zu untersuchenden Stoffes und der
interessierenden Frequenz. Nach intensiven Literaturstudien und Erörterung der Möglichkeiten haben wir uns zum Aufbau eines abstimmbaren Koaxialresonators entschlossen.
Ausschlaggebend für die Größe war ein schon vorhandener Permeabilitätsmessplatz, sodass Proben in beiden Messplätzen verwendet werden können.

2.5.2   Resonator-Messverfahren

Bei Messungen mit Einsatz eines Resonators [8] (in Koaxial- oder Hohlleiterausführung)
werden die Verschiebung der Eigenresonanz und die Änderung der Güte durch eine einge-
brachte Stoffprobe ausgenutzt. Die Probe muss sich im Resonator im Punkt der höchsten
elektrischen Feldstärke befinden ($\lambda/4$). Durch die Veränderung der mechanischen Abmessungen des Resonators (Kurzschlussschieber) wird dieser auf seine neue Resonanzlänge
abgeglichen, oder es wird unter Beibehaltung der eingestellten Länge die neue Resonanzfrequenz ermittelt. Außerdem wird die Resonanzkurve mit Probe breiter (3 dB Bandbrei-
te), das heißt, die Güte verschlechtert sich. Aus all diesen verschiedenen Angaben werden
die gesuchten Stoffkennwerte ermittelt.

2.5.3   Beschreibung des Messplatzes

Mechanischer Aufbau   Anhand der gewählten Probengröße und den erforderlichen elektrischen Eigenschaften wurde der Messplatz geplant und konstruiert (vgl. Abb. 2.13).
    Als Material für den Resonator (Rohr, Innenleiter, Kurzschlussschieber und Boden)
wurde Aluminium ausgewählt. Auch die Grund- und Betätigungsplatten sowie die Vier-
kantprofile sind aus Aluminium. Die Rundstangen und Gewindespindeln sind aus Stahl.
    Der Resonator wurde waagerecht aufgebaut und sitzt in einem Gestell aus zwei Alu-
Grundplatten und vier Alu-Vierkantprofilen. Mittels zweier Gewindespindeln können unabhängig voneinander Kurzschlussschieber und Innenleiter verschoben und damit je nach
gewählter Frequenz die auf dem Innenleiter montierte Probe auf $\lambda/4$ und der Kurzschlussschieber auf $\lambda/2$ oder jede beliebige andere Stelle positioniert werden. Zwei Rundstangen
zur Führung der Betätigungsplatten von Innenleiter und Kurzschlussschieber enden an einer dritten Grundplatte.
    Als Innendurchmesser des Resonators wurden 80 mm gewählt, die Länge sollte min-
destens der halben Wellenlänge bei niedrigster zu messender Frequenz betragen. Um noch
praktikable Abmessungen zu erhalten, wurde eine untere Frequenzgrenze von 200 MHz
gewählt, das bedeutet 75 cm Resonatorlänge.

Abb. 2.13 Messplatz zur Messung der komplexen Permittivität

Der Innenleiter besteht aus zwei gleich langen Teilen aus 35 mm Alu-Rundmaterial, die miteinander verschraubt werden. An der Verbindungsstelle wird auch die Probe befestigt. Der Boden des Resonators wurde als verschraubbare Kurzschlussplatte ausgeführt. Dies hatte zwei Gründe:

Zum einen ist damit der Zugang zu den sich auf dieser Seite befindenden Koaxialbuchsen gegeben, zum anderen kann gegebenenfalls eine Probe auch an dieser Stelle eingesetzt werden (μ-Messung).

Die Abstimmung erfolgt mittels der schon erwähnten Gewindespindeln, die durch je ein Handrad betätigt werden. Bei einer Steigung von 4 mm je Umdrehung ist eine ausreichend genaue Positionierung möglich. Zur Anzeige dienen zwei Zählwerke mit 0,1 mm Auflösung.

Für eine gute elektrische Verbindung zwischen Boden und Kurzschlussschieber zu Innen- und Außenleiter sorgen in Nuten eingelassene Kontaktfederstreifen.

Elektrischer Aufbau Der HF-Anschluss des Resonators erfolgt über zwei N-Flanschbuchsen, die 5 cm vom Resonatorboden genau gegenüberliegend montiert sind.

Die Ein- und Auskopplung der Hochfrequenz erfolgen kapazitiv über zwei Koppelstifte (verlängerte Innenleiter der N-Buchsen).

Generator und Analysator werden über normale Koaxialkabel an den Resonator angeschlossen. Da die beiden Anschlüsse gleich ausgeführt sind, ist es egal, welcher Ein- oder Auskopplung ist.

Resonator: $D_p = 80\,\text{mm}$
N-Buchse: $d_i = 8\,\text{mm}$
$\qquad l_p = 15\,\text{mm}$
$\qquad d_p = 5\,\text{mm}$

Eine optimale Kopplung ergibt sich bei einem Verhältnis von $d_p = 0{,}06 D_p$ [7]. Das Verhältnis l_p/d_i sollte möglichst klein sein, da es indirekt proportional zum Qualityfactor ist (hier 1,875).

2.5.4 Durchführung der Messung

Vor Beginn der Messung sind die folgenden Sachverhalte zu überprüfen:

Um Messfehler zu vermeiden, muss der Boden des Resonators während der Messung fest zugeschraubt sein; die angebrachten Kontaktstreifen sind regelmäßig auf Beschädigungen und Verschleiß zu überprüfen und gegebenenfalls auszutauschen; die einwandfreie elektrische Verbindung zwischen Außenleiter, Boden, Innenleiter und Kurzschlussschieber ist sicherzustellen. Besonders nach längerem Nichtgebrauch kann es zu einer Erhöhung der Übergangswiderstände durch Oxidschichten kommen, welche entfernt werden müssen. Die Abmessungen der Materialprobe müssen in diesen Grenzen liegen:

- Außendurchmesser max. 80 mm,
- Innendurchmesser mind. 25 mm,
- Dicke 5 bis 10 mm.

Danach beginnt die eigentliche Messung. Die Stellung des Kurzschlussschiebers bei leerem Resonator (l_0) wird zusammen mit der 3-dB-Bandbreite (B_0) für jede zu messende Frequenz in die Messwerttabelle eingetragen. Danach wird die entsprechend angefertigte Materialprobe auf den Innenleiter geschraubt und die Probe in die der jeweiligen Leerlauffrequenz entsprechende $\lambda/4$-Position gefahren.

Entweder wird dann auch der Kurzschlussschieber auf die Leerlauf-$\lambda/2$-Position gefahren und die Resonanzfrequenz (f_i) gemessen oder bei gleicher Frequenz die neue Position aufgezeichnet. In jedem Fall gemessen wird die 3-dB-Bandbreite (B_l).

Zur Auswertung der Messergebnisse werden die aufgenommenen Werte in die Formeln eingesetzt. Die Berechnung kann mittels Taschenrechner oder am PC mit einem Tabellenkalkulationsprogramm erfolgen.

Berechnungen Formelzeichen:

$\varepsilon_r', \varepsilon_r''$ Permeabilitätskomponenten
d Probendicke
l_0 Resonanzlänge des leeren Resonators
l_p Resonanzlänge mit Prüfling
f_0 Resonanzfrequenz des leeren Resonators

f_1 Resonanzfrequenz mit eingelegter Probe
B_0 3-dB-Bandbreite des leeren Resonators
B_1 3-dB-Bandbreite mit eingelegter Probe
Q_0 Quality Factor des leeren Resonators
Q_1 Quality Factor mit eingelegter Probe
Δl Resonanzlängenverstimmung mit Prüfling

Berechnungsformeln:

$$Q_0 = \frac{f_0}{B_0} \quad Q_i = \frac{f_i}{B_1} \quad \varepsilon_r = 1 + \frac{l}{d} \frac{(f_0 - f_i)}{f_0} \quad \text{oder} \quad \varepsilon'_r = 1 + \frac{\Delta l}{d} \qquad (2.10)$$

$$\varepsilon'' = \varepsilon'_r \cdot \tan \delta \qquad (2.11)$$

2.6   Relaxation in Ferritvolumenmaterialien

Vor der Erklärung der Unterarten der Relaxation ist der Begriff allgemein zu erklären. Was heißt Relaxation? Relax kommt aus der englischen Sprache und heißt im übertragenen Sinne Erschlaffung/Entspannung [43].

Nicht nur in Schichtmaterialien kommt es zur Ausbildung von Spinwellen. Auch in Volumenmaterialien können Spinwellenmechanismen nachgewiesen werden.

An Hand unseres Modellbildes [24, 25] sind die zwei sich überlagernden H-Felder sichtbar. Es überlagert das statische und dynamische Magnetfeld. Resultat ist ein sich bildender Kegel, an dessen äußerer Kante sich das Elektron bewegt (vgl. Abb. 2.14 und 2.15).

Abb. 2.14 Spinendes Elektron ohne Relaxationsbewegung

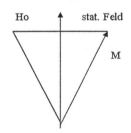

Abb. 2.15 Spinendes Elektron mit Relaxationsbewegung

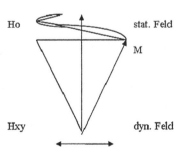

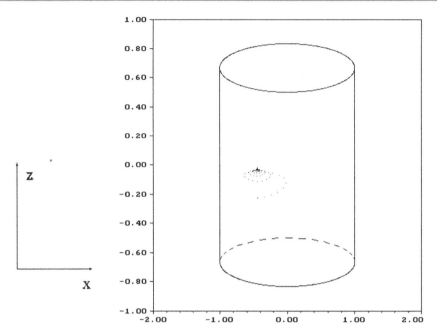

Abb. 2.16 Spur einer Spiralbewegung bei Relaxation durch den Magnetisierungsvektor

In Abb. 2.15 ist die Relaxationsbewegung des Magnetisierungsvektors bei sich abschal-
tendem HF-Feld (Nulldurchgang) zu sehen. In einer 3D-Bewegung ist diese Spiralbewegung besser verdeutlicht (Abb. 2.16).

2.6.1 Spinelle besitzen ebenso Mechanismen zur Relaxation

Isotrope Ferrite besitzen nach ihrer Struktur auch anisotrope Eigenschaften. Diese Eigenschaft wurde [25] experimentell an Hand von Anomalien der FMR von MnZn-Ferriten
festgestellt.
Ursachen:

- Parallelen von Mn^{3+}-Ionen zu Y^{3+}-Ionen
- Sprünge zwischen den Oktaederlagen ($Fe^{2+} \rightarrow Fe^{3+}$).

Weitere strukturelle Anregungsursachen [28] der Relaxation seien in der Tab. 2.4 vorgestellt. Sie zeigen auch die Wichtigkeit der Aspekte der Herstellung der Ferrite.
Die Abhängigkeit der Relaxationsverluste von der Korngröße sind im Abschn. 2.6.2
kurz erklärt. Nach Messungen von Lax ist die Relaxationszeitkonstante indirekt proportional zur Halbwertsbreite der FMR des Ferrites. Die Halbwertsbreite der FMR ist nun
wiederum direkt proportional zur Korngröße und beschreibt den magnetischen Verlust.
Kupicka [10] hat erwähnt, dass die Größe der Körner ungefähr der Größe der Spinwellenfrequenzen entspricht. Selbst in jüngeren Fachveröffentlichungen des Physical Review

Tab. 2.4 Relaxationsarten nach Angermann

Relaxation		
Anregung durch Spinwellen	Anregung durch Anisotropie	Anregung durch Porösität
Diese Spinwellen werden durch Gitterfehler erzeugt. Die Störungsübergabe entsteht bei der Erzeugung von Spinwellen durch Inhomogenitäten: ortsabhängige Inhomogenitäten infolge von Poren, Einschlüssen kornspezifische Anisotropiefelder lokale Spannungen im Gitter (Sintern)	Ein fiktives Anisotropiefeld regt Spinwellen an, wenn: Dipolwirkung der Körner Wirkung Anisotropiefeldes Kornresonanz Effekt wird durch anisotropieinduzierte Linienbreite beschrieben	Die Porösität wirkt sich folgendermaßen aus: $\Delta h = (0{,}5\pi \text{ ms})\, P\,[\omega/\omega_0]$ P Porösität

[37] beschäftigt sich ein Artikel mit den elektrischen Relaxationsphänomenen. Die Relaxation ist somit ein immer noch hochaktuelles Thema der Werkstoffphysik. Weitere Artikel befassen sich mit der „magnetization relaxation" im mesoskopischen Modell von $NiFe_2O_4$ Nanopartikeln [27] bzw. mit synthetischen Ferritstrukturen.

2.6.2 Experimentelle Betrachtungen

Es wurde in der Hohlleitermesseinrichtung die folgende Abhängigkeit der komplexen Permeabilitätsverlustkomponenten von der Korngröße experimentell festgestellt:

Das Ferrit-Compound-Pulver grob (110 μm) besitzt gegenüber dem Ferrit-Pulver fein die höheren HF-Verluste. Dieses Ergebnis lässt somit den Rückschluss zu, dass ein HF-Absorber (Ferrit Compound) mit einem größeren Korndurchmesser die höheren Verluste aufweist. Nach Vonsovskii steigt mit der Korngröße auch die Linienbreite der FMR. Nach Krupicka [13] ist die Linienbreite indirekt proportional mit der Relaxationszeit. Diese Abfolge lässt die Richtigkeit der vorgestellten theoretischen Abhandlung (mit kleinerer Relaxationszeitkonstanten wird ein höherer Absorptionsverlust erwartet) vermuten (vgl. Abb. 2.17, 2.18 und 2.19).

Dem Messergebnis ähnlich sind Messergebnisse von De Lau [23], die ebenfalls bei NiZn-Ferriten einen höheren Tangens-Delta-Wert mit steigender Korngröße feststellen.

Zum Korngrößeneffekt kann gesagt werden, dass die Variation dieser Größe eine bessere Möglichkeit zum Betragsändern des komplexen Permeabilitätsverlustes als der Einfluss auf die Gitterbesetzung der A/B-Plätze im Spinell bietet.

Zur besseren Erklärung der Effekte in Abhängigkeit von der Korngröße sollte die Blochwandverlusttheorie noch in die Betrachtungen eingeschlossen werden.

2.7 Textur in Ferritvolumenmaterialien

Fast alle Ferrite kristallisieren im kubischen oder hexagonalen Kristallsystem. Bei dynamischen Messungen des Magnetisierungsvorganges an ferritischen Einkristallen wurde festgestellt, dass diese richtungsabhängig sind (magnetische Anisotropie). Es stellt sich

Abb. 2.17 $\mu_{rel}''(f)$ von Ferrit-
Compound bestehend aus
$Zn_{0,23}Mn_{0,69}Fe_{2,08}O_{4,0}$, mittlere Korngröße: 6,52 µm, 12 %
ZnO, 35 % MnO, 53 % Fe_2O_3

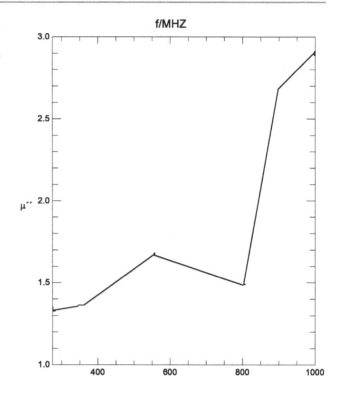

heraus, dass es so genannte leichte Richtungen und schwere Richtungen gibt. So sind die
leichten Richtungen durch einen minimalen Energieaufwand für den Magnetisierungsvor-
gang gekennzeichnet.

Für das kubisch flächenzentrierte Gitter ist das die [111]-Richtung (Raumdiagona-
le der Elementarzelle) und für das hexagonale Gitter die [0001]-Richtung (c-Achse der
Elementarzelle). Allgemein wird die magnetische Anisotropie durch die Anisotropiekonstanten K_0, K_1 und K_2 beschrieben.

Für einen kubischen Kristall berechnet sich die Magnetisierungsenergie für eine beliebige Richtung nach [30]. Die Kristallorientierung zum äußeren Magnetfeld H wird durch
die Richtungskosinus α_i festgelegt.

In einem polykristallinen Werkstoff existiert keine Vorzugsorientierung dieser leichten bzw. schweren Richtungen. Die Orientierung dieser Richtungen ist über die einzelnen
Kristallite statistisch verteilt. Liegt dagegen eine Textur vor, so liegt eine Abweichung
von der für den idealen Polykristall kennzeichnenden statistischen Orientierungsvertei-
lung vor. Der Werkstoff zeichnet sich durch eine kristallographische Vorzugsorientierung
aus. Im Idealfall fallen Vorzugsorientierung und die magnetisch bevorzugte Richtung
zusammen. Betrachtet man nun die mittlere Permeabilitätskomponente μ'', welche das
Absorptionsverhalten des Werkstoffes gegenüber elektromagnetischen Feldern beschreibt,
so erscheint es als logisch, dass sich diese Werte für einen polykristallinen und einen texturierten Werkstoff deutlich unterscheiden.

Abb. 2.18 $\mu''_{\text{rel}}(f)$ von Ferrit Compound bestehend aus $Zn_{0,23}Mn_{0,69}Fe_{2,08}O_{4,0}$, mittlere Korngröße: 16,15 μm, 12 % ZnO, 35 % MnO, 53 % Fe_2O_3

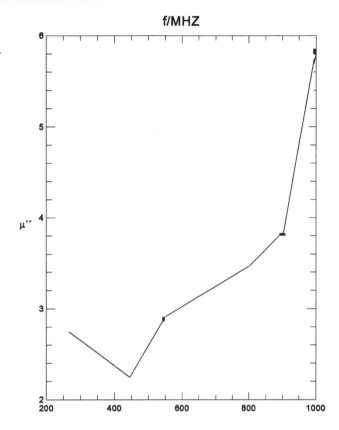

Es ist zu erwarten, dass μ'' für texturierte Werkstoffe höher ist und damit texturierte Werkstoffe für unseren Anwendungsfall ein besseres Absorptionsverhalten zeigen.

Ursache für die Entstehung einer Textur ist die Wirkung innerer oder äußerer Einflussfaktoren bei den gefügebildenden Prozessen. Auf diese Faktoren sprechen die im Allgemeinen anisotropen Eigenschaften der Einzelkristallite an. Bei der Herstellung texturierter Ferritwerkstoffe kann die Wirkung eines äußeren Magnetfeldes als Einflussfaktor genutzt werden.

2.7.1 Erzeugung einer Textur

Für die Herstellung texturierter Ferritwerkstoffe kann die Wirkung eines äußeren statischen Magnetfeldes als Einflussfaktor genutzt werden. Dabei sind zwei prinzipielle Wege zu unterscheiden:

- die Wirkung eines statischen Magnetfeldes während der Ferritherstellung
- die Wirkung eins statischen Magnetfeldes während der Herstellung eines Verbundwerkstoffes Ferrit/zweiter Werkstoff, zum Beispiel Ferrit/Polymer.

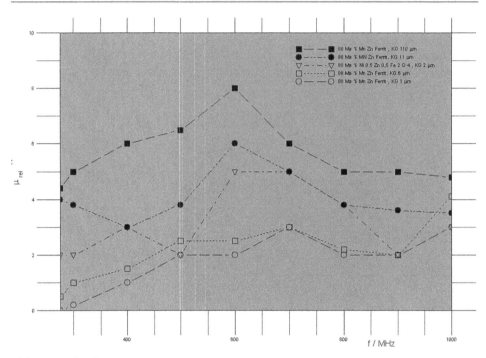

Abb. 2.19 $\mu''_{\text{rel}}(f)$ eines MnZn-Ferrits: Abhängigkeit von der Korngröße

Bekannt sind Untersuchungen zur Herstellung texturierter ferritischer Werkstoffe über die Sol-Gel-Technik.

Unser Augenmerk lag auf der Herstellung eines texturierten Verbundwerkstoffs Ferrit/Polymer. Es sollte untersucht werden, ob sich die verwendeten Ferritmaterialen unter der Wirkung eines statischen Magnetfeldes (700 A/cm) in einem flüssigen Polymer während des Aushärtungsprozesses ausrichten und damit eine Textur erzeugt wird. Zur Anwendung kam ein Zweikomponentenepoxidharz und ein Co-dotiertes NiZn-Ferrit-Pulver der Firma Kaschke KG.

Die Versuche wurden bei drei verschiedenen Ausrichtungen des Magnetfeldes durchgeführt. Der Winkel zwischen der Probennormale und dem Magnetfeld betrug 0°, 45° bzw. 90°. Zur Beschreibung der erzeugten Textur wurden aus Röntgenbeugungsuntersuchungen auf einem Vierkreisdiffraktometer mit Eulerwiege die Polfiguren bestimmt. Zur anschließenden Messung der magnetischen Eigenschaften wurden unter den gleichen Bedingungen Proben mit einer geeigneten Geometrie für Hohlleitermessungen hergestellt.

2.7.2 Theoretische Betrachtungen zum Zusammenhang zwischen Textur und HF-Verlust

In Anlehnung an die Arbeiten von Schober soll ein Verfahren zur theoretischen Vorhersage einer Kristallitverteilungsfunktion $f(\vartheta)$ aus der komplexen Permeabilität vorgestellt und bewertet werden. ϑ bezeichnet den Winkel zwischen der Texturnormalen und der schweren Achse bzw. den Winkel zwischen Texturebene und leichter Ebene des betrachteten Kristalliten.

Ziel der vorgestellten Betrachtungen ist der Nachweis des höheren HF-Verlustes an künstlich texturierten Ferriten mit Spinellstruktur im Vergleich mit untexturierten Ferriten mit Spinellstruktur.

Sind die Kristallite der Ferritprobe nicht regellos orientiert, muss zur Untersuchung des Absorptionsverhaltens die räumliche Orientierung der Kristallite bezüglich des magnetischen Gleichfeldes ω und des magnetischen Wechselfeldes berücksichtigt werden.

Beschreibt man die Textur mit Hilfe der Orientierungsverteilungsfunktion (ODF – orientation distribution function) $g(\vartheta, \gamma)$ für eine rotations-symmetrische Textur (Blättertextur), so gilt für den Imaginärteil der komplexen Permeabilität μ''.

Die Messungen wurden in einem Rundhohlleiter durchgeführt. Bei dem Messverfahren wurde die Güte des Hohlleiters und der relative Fehler bestimmt. Die zuständige DIN Normen 47302T1, 61580-7 und 61580-9 wurden beachtet.

Es wurden die komplexen relativen Permeabilitäten der verschiedenen texturierten Co-dotierten NiZn-Ferrit-Polymer-Proben ausgemessen. $\Delta\vartheta$ ist der Texturwinkel der jeweils in eine Vorzugsrichtung gerichteten Ebene der Kristallitfläche. Den Ausdruck $\mu''(\Delta\vartheta)/\mu''(0)$ [29] erhält man aus der Kennlinie der Messung.

Der HF-Verlust wird als normierter komplexer Permeabilitätsverlust in Abhängigkeit vom Texturwinkel [9, 29] bezeichnet.

Die senkrecht im Magnetfeld texturierte Probe hat den höheren HF-Verlust gegenüber dem untexturierten Material (Abb. 2.20).

Es kann beim Erreichen des Winkels $\vartheta = 0°$ das Maximum des HF-Verlustes festgestellt werden.

2.8 Füllgrad von Ferrit in Volumenmaterial

Wichtig für eine hohe HF-Absorption ist der Anteil des Ferritmaterials in der Polymermatrix [43].

Die Hersteller benutzen oft die Größe des Masseprozentes Ma-%. Ebenso kann man den Volumenfüllfaktor (Gl. 2.12) als Maß für den Anteil des Ferrites im Polymer-Compound nutzen.

$$\text{Volumenfüllfaktor:} \quad f = \frac{1}{1 + \left(\frac{1}{x_g} - 1\right) \frac{\rho_{\text{Ferrit}}}{\rho_{\text{Polymer}}}} \tag{2.12}$$

x_g Gewichtsanteil
ρ_{Ferrit} Dichte Ferrit
ρ_{Polymer} Dichte Polymer.

Abb. 2.20 Komplexe Permea-
bilität μ''_{rel} in Abhängigkeit
von der Magnetfeldhärtung,
Probe NiZnCo-Ferrit-Polymer-
Compound (Ferrit der Fa.
Kaschke KG)

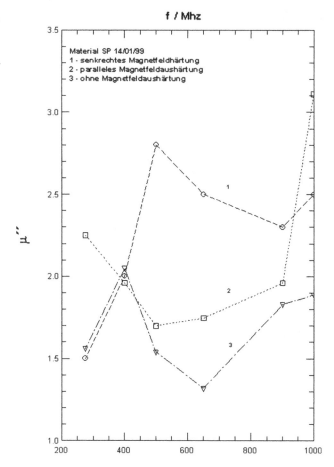

Der recht einfach zu diskutierende Effekt des Volumenfüllfaktors ist neben der Korngrö-
ßenänderung eine der wichtigsten Möglichkeiten zur Absorptionserhöhung. Die Erhöhung
der EMV-Eigenschaften Absorptionsdämpfung und Schirmdämpfung lässt sich durch Änderung der mikroskopischen Eigenschaften nicht so stark beeinflussen wie mit diesen zwei
makroskopischen Eigenschaften.

Eine Untersuchung des Füllgrades und der Abhängigkeit der komplexen Permeabilität
vom Füllgrad scheint trivial.

Da andere Autoren [33, 34] aber eine nichtlineare Abhängigkeit der HF-Verhältnisse
vom Füllgrad messtechnisch verifiziert haben, ergibt sich auch die Notwendigkeit der Untersuchung der Abhängigkeit des HF-Verlustes vom Füllgrad des Ferrites im Polymer.

Die Ergebnisse der Untersuchung sind in Abb. 2.21 zu sehen.

Das Ergebnis der Untersuchung zeigt bei dem höchsten Füllgrad von Ferrit im Polymer
auch den höchsten HF-Verlust.

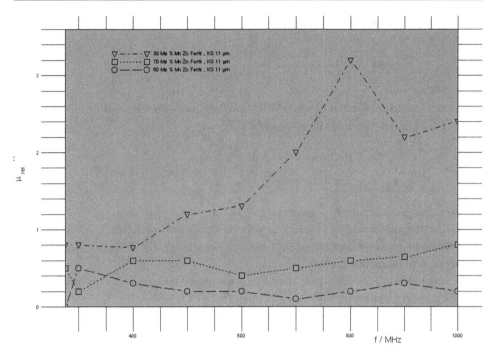

Abb. 2.21 Abhängigkeit des Imaginärteils $\mu''_{rel}(f)$ vom Ferrit-Compound-Material

2.9 Feldanpassung des Volumenmaterials

In den folgenden Darlegungen soll die Anpassung des Materials an den Feldwellenwiderstand der Luft betrachtet werden.

Ziel der Feldanpassung ist der Aufbau eines synthetischen Materials mit idealem Transmissionsverhalten. Falls die Anpassung nicht optimal modelliert wird, könnte es zur Reflektion an der Oberfläche kommen und nicht zur Absorption im Inneren des Materials.

Es wurde ein HF-Material mit hohem Resonanzverlust geschaffen. Falls der Wellenwiderstand des Materials nicht abgeglichen ist, kommt es zu Reflektionen an der Oberfläche und nicht zum gewünschten HF-Verlust im Material. Eine Anpassung an den Feldwellenwiderstand der Luft über die Dicke des Materials ist möglich.

In den folgenden Betrachtungen wird auf die Anpassung des Materials an den Feldwellenwiderstand der Luft eingegangen. Ein oft gegangener Weg zur Materialanpassung wird nun beschritten [33–35].

Im komplexen 2-Tor-Modell geht man von folgenden Verhältnissen aus:

Für das mittlere 2-Tor kann man für den TE-Welleneinfall folgende S-Parametermodell-Beschreibung nutzen [35]:

Dabei gilt die komplexe Streumatrix:

$$\|S\| = \frac{1}{(1 - r^2 \mathrm{e}^{-\mathrm{j}2l\beta})} \left\| \begin{matrix} r(1 - \mathrm{e}^{-\mathrm{j}2l\beta}) & (1 - r^2)\mathrm{e}^{-\mathrm{j}l\beta} \\ (1 - r^2)\mathrm{e}^{-\mathrm{j}l\beta} & r(1 - \mathrm{e}^{-\mathrm{j}2l\beta}) \end{matrix} \right\| \tag{2.13}$$

Im Fall des idealen nicht reflektierenden Ein-/Ausfalls der elektromagnetischen Welle sind für das HF-Material folgende Gleichungen

$$\text{Reflektion} \quad S_{11} = S_{22} = 0$$
$$\text{Transmission} \quad S_{21} = S_{12} = \mathrm{e}^{-\mathrm{j}\gamma l} = 1$$

als Ausbreitungsbedingungen anzusetzen.

Dies ist der einfachste Fall (1. Näherung) bei reziproken Materialien.

Bei nichtreziproken Materialien (Ba-Ferrit bei Einwirkung H_0 in Transversalrichtung) ist eine weitere Betrachtung nötig.

Im vorhandenen Fall eines polykristallinen isotropen, reziproken Ferrit-Materials ist dieser Ansatz gerechtfertigt.

Bei zum Beispiel Koaxleiterproben gilt:

$$\gamma = \mathrm{j}\frac{2\pi}{\lambda_0} \sqrt{\underline{\varepsilon}_\mathrm{r} \underline{\mu}_\mathrm{r}} \tag{2.14}$$

Für den Hohlleiter gelte nun [33]:

$$(l - r^2)\mathrm{e}^{-\mathrm{j}d\gamma} = 1 = S_{12} \tag{2.15}$$

$$r = \frac{\sqrt{1 - (\underline{k}_{cmn}/\underline{k}_0)^2} - \sqrt{\underline{\varepsilon}_\mathrm{r}\underline{\mu}_\mathrm{r} - (\underline{k}_{cmn}/\underline{k}_0)^2}}{\sqrt{1 - (\underline{k}_{cmn}/\underline{k}_0)^2} + \sqrt{\underline{\varepsilon}_\mathrm{r}\underline{\mu}_\mathrm{r} - (\underline{k}_{cmn}/\underline{k}_0)^2}} \tag{2.16}$$

mit:

$$k_{mm} = \frac{\pi}{a} $$

a Breite des Hohlleiters,

$$-\mathrm{j}(\mathrm{j}(2\pi/\lambda_0)d\sqrt{(\mu_\mathrm{r}\varepsilon_\mathrm{r})}) = \left(\ln\frac{1}{1 - r^2} \right) \tag{2.17}$$

$$d = \frac{2\pi}{\lambda_0} \left(\ln\left(\frac{1}{1 - r^2} \right) \Big/ \sqrt{\mu_\mathrm{r}\varepsilon_\mathrm{r}} \right) \tag{2.18}$$

Unter Beachtung von Gl. 2.18 und den Materialkurven der komplexen Permeabilität und Permittivität ist eine frequenzabhängige Dicke des Materials für die beschriebene Anpassung zu berechnen.

Die minimale Dicke d des Materials beträgt:

$$d_{\min} = 7\,\text{mm}\big|_{f=860\,\text{MHz}}$$

Wird diese minimale Dicke unterschritten, so geht das auf Kosten der Anpassung. Die elektromagnetische Welle wird also auch zu einem zunehmenden Anteil das Material nicht durchdringen können und zum Beispiel reflektieren. Somit kommt es also auch zu weniger Absorption.

In unserem Fall des Materialdesigns und einer guten Anpassung an das elektromagnetische Feld muss ein Kompromiss gesucht werden, da eine zweite der Feldanpassung widersprechende Forderung die Notwendigkeit der geringen Dicke vorhanden ist. Die in Wärme umgesetzte Leistung muss an der Oberfläche gehalten werden, um den Visualisierungseffekt zu erhalten.

Es wird im Folgenden ein Striplinemessplatz für die Messung der HF-Verhältnisse im Material vorgestellt.

Neben der Reflektionsdämpfung spielt die multiple Reflektion bei Dämpfungen von < 15 dB eine Rolle [42]. In bisher vorgestellter Gleichung taucht die Reflektionsdämpfung bei den Gesamtschirmverlusten eines HF-Materials mit auf:

2.9.1 Schelkunov Formel

$$S = A + R + B \tag{2.19}$$

S Schirmdämpfung in dB
A Absorptionsdämpfung in dB
R Reflektionsdämpfung in dB
B multiple Reflektion in dB.

Der uns interessierende Term der Reflektionsdämpfung wird mit einem Striplinemessplatz erfasst. Dieser Messplatz ist im Abb. 2.22 dargestellt.

2.9.2 Fehlerbetrachtung der Messanordnung

Bei der Striplineanordnung wurde ein Stehwellenverhältnis von 1,2 bis 2 GHz ausgemessen. Somit ist diese Messanordnung mit diesem Verhältnis gut nutzbar.

Der genaue Feldverlauf und der Ort der Probe sind in Abb. 2.23 zu sehen.

Das in Abb. 2.23 angegebene homogene Magnetfeld erlaubt eine reproduzierbare Messung. Die Proben müssen nichtleitend sein, da es sonst zu einem Feldkurzschluss in der Stripline kommt. Zur genauen Kenntnis des Übertragungsverhaltens der Stripline ist es nötig, die einzelnen Komponenten der Streumatrix bei leerem Messplatz zu ermitteln.

Abb. 2.22 Messplatz zur
Erfassung der Reflekti-
onsdämpfung von dünnen
magnetischen Schichten

Abb. 2.23 Feldverlauf des homogenen H-Feldes durch die
Schichtprobe. E und H liegen
tangential zur Schichtfläche

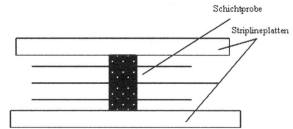

$$a(f)\big|_{\text{Kalibriert}} = [1 - t - r]\big|_{\text{Kalibriert}} \qquad (2.20)$$

$r(f)$ Reflektionsdämpfung (max. $= 1$)
$a(f)$ Absorptionskonstante (max. $= 1$)
$t(f)$ Transmissionsdämpfungskonstante (max. $= 1$).

In der Gleichung ist die Beschreibung der Bestimmung der Absorptionskonstante dargestellt. Natürlich sind die inneren Tore zu den äußeren Toren des NW-Analysers und die
Striplineanordnungen über einen Kalibrieralgorithmus abzugleichen.

In der Messanordnung für dünne magnetische Schichten ist nur eine Normalisierung
der Ports A und B des NW-Analysers möglich. Unter Beachtung der Formel in Gl. 2.20
und der Anpassung der Schicht ist die folgende HF-Wirksamkeit zu diskutieren.

2.9.3 Zusammenfassung

Die ersten Hinweise zum Materialdesign einer dünnen ferrimagnetischen Schicht im Hinblick auf einen hohen HF-Verlust sind:

Realisierung von gestörten Strukturen mit ungleichmäßigen Spinverhältnissen in den
mikrokristallinen Bereichen. Eine theoretische Betrachtung der HF-Verhältnisse weist auf

einen steigenden HF-Verlust bis zu einer optimalen Anisotropiekonstanten eines Kristalls K. Die real auftretende Anisotropie ist eine „cristallite shape anisotropy" [21]. Diese ist ebenso zu erhöhen.

Der Materialklasse der Ferrite kommt eine besondere Bedeutung zu, da sich diese durch besondere Absorptionseigenschaften über einen weiten Frequenzbereich auszeichnen. Trifft elektromagnetische Energie auf die Oberfläche eines absorbierenden Materials, kann diese partiell im Festkörper absorbiert oder reflektiert werden. Dieses Verhalten wird in Ferriten durch chemische Zusammensetzung, Kristallstruktur, magnetokristalline Anisotropie, Korngröße, Porenstruktur, Sekundärphasen und Korngrenzeneigenschaften beeinflusst. Es wurden verschiedene MnZn-, NiZn- und Co-dotierte NiZn-Ferrite untersucht und optimiert und mit geeigneten Polymeren zu Compoundwerkstoffen verarbeitet, welche durch Spritz- oder Foliengießen in die finale Form gebracht wurden.

Neben der Beschreibung der Struktur- Eigenschaftsbeziehungen stand die Optimierung der Herstellungsverfahren und der Gefügestruktur im Mittelpunkt. Im Ergebnis dieser Untersuchungen wurde eine Palette geeigneter Ferrite entwickelt, die im Frequenzbereich von 30 MHz bis 1 GHz Absorptionseigenschaften aufweisen.

Es wurden die optimalen Reaktionsbedingungen zur Präparation folgender Ferrite festgestellt:

- Spinelle der Zusammensetzung $Mn_{1-x}Zn_xFe_2O_4$
- Spinelle der Zusammensetzung $Ni_{1-x}Zn_xFe_2O_4$
- Dotierte Spinelle der Zusammensetzung $Ni_xZn_xCo_{1-2x}Fe_2O_4$.

Dabei wurde der Einfluss der Kalziniertemperatur, der Mahlfeinheit, der Sintertemperatur und -atmosphäre, der Rohstoffqualität sowie der Ausbildung einer einheitlichen Spinellphase auf die Absorptionseigenschaften des synthetisierten Ferrites berücksichtigt. Hierbei wurden Phasenbestand und Oxidationsgrad, morphologische Eigenschaften der eingesetzten Rohstoffe, Pulver und Granulate, die Keramikgefüge und Sinterprozesse charakterisiert.

Im Folgenden sind die unterschiedlichen verwendeten bzw. hergestellten Ferritversätze aufgeführt:

Tridelta-Versätze	MnZn-Ferrit	NiZn-Ferrit	Co-dotierte Ferrite
Manifer 260	Mf 196/1	$Ni_{0,2}Zn_{0,80}Fe_2O_4$	$Ni_{0,49}Zn_{0,49}Co_{0,02}Fe_2O_4$
Manifer 251	Mf 196/2	$Ni_{0,3}Zn_{0,70}Fe_2O_4$	$Ni_{0,475}Zn_{0,475}Co_{0,05}Fe_2O_4$
Manifer 330		$Ni_{0,4}Zn_{0,60}Fe_2O_4$	$Ni_{0,45}Zn_{0,45}Co_{0,1}Fe_2O_4$
		$Ni_{0,5}Zn_{0,50}Fe_2O_4$	$Ni_{0,4}Zn_{0,4}Co_{0,2}Fe_2O_4$
		$Ni_{0,6}Zn_{0,40}Fe_2O_4$	
		$Ni_{0,7}Zn_{0,30}Fe_2O_4$	
		$Ni_{0,44}Zn_{0,44}Fe_{2,13}O_4$	
		$Ni_{0,38}Zn_{0,38}Fe_{2,25}O_4$	

Mit geeigneten Polymeren wurden ausgehend von den Ferriten Compoundmateriali-en hergestellt und optimale Bedingungen für die Compoundierung abgeleitet. Es wurden Permeabilität, magnetische Sättigung und Schirmdämpfung der Compoundmaterialien ge-messen.

2.10   Das Spinellsystem NiZn-Ferrit

Ausgehend von diesen Untersuchungen wurde eine für die Schirmdämpfung optimale NiZn-Ferrit-Zusammensetzung ausgewählt und die Bedingungen für die Herstellung im halbtechnologischen Maßstab erarbeitet.

Optimale Zusammensetzung: $Ni_{0,50}Zn_{0,50}Fe_2O_4$.

In den Abb. 2.24 und 2.25 sind die REM-Aufnahmen, das Röntgendiffraktogramm des bei 1300 °C gesinterten NiZn-Ferrit-Pulvers sowie die Korngrößenverteilung des optima-len Versatzes dargestellt.

In Abb. 2.25 ist die Sättigungsmagnetisierung des mit dem optimalen NiZn-Ferrit hergestellten Compoundmaterial dargestellt. Es wurde ein Compound, bestehend aus 88 Ma-% NiZn-Ferrit und 12 Ma-% Miravithen, hergestellt.

2.10.1   Werkstoffanalysen von Ferritcompounds

Die Verlustarten des Relaxationsverlustes in Volumenmaterialien bzw. die Domänenther-orie basieren originär auf der Verteilung und dem Aufbau der Körner im Vielkristall des

Abb. 2.24 REM-Aufnahme des optimalen Versatzes (Mes-sung HITK Hermsdorf)

SE Pulver ANF 9   10µm

Ni-Absorberferrit-Compund

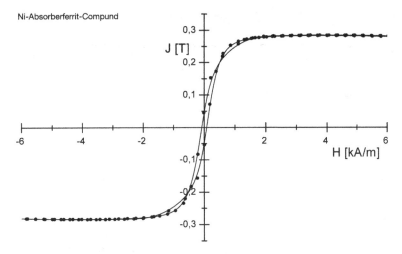

Abb. 2.25 Sättigungsmagnetisierung des Compounds aus $Ni_{0,5}Zn_{0,5}Fe_2O_4$ und Miravithen

Abb. 2.26 Korngrößenverteilung von NiZnCo-Ferrit
5,5 Gew.-% NiO, 0,2 Gew.-%
CoO, 10,5 Gew.-% ZnO, 12,5
Gew.-% MnO, 71 Gew.-%
Fe_2O_3, mittlere Korngröße:
173,04 μm. (Quelle: Kaschke
KG, Göttingen)

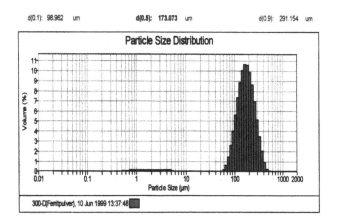

Ferrites [43]. Aus diesem Grund ist die Analyse dieser Werkstoffeigenschaft sehr wichtig im Materialdesignprozess.

Ebenso sind mit der Korngrößenverteilung und Anordnung der Körner verschiedene Widersprüche der Theorie der HF-Eigenschaften zu den praktischen Permeabilitätsmessungen zu erklären.

Die Verteilung der Körner nach der Korngröße kann man mit den Gesetzen der Statistik beschreiben. Demnach gibt es einen Mittelwert. Dies entspricht im Falle des realen Aufbaus der Ferrite der mittleren Korngröße. Diese mittlere Korngröße wird Abb. 2.25 als $d(0,5)$ dargestellt.

Eine andere Korngrößenverteilung ist in Abb. 2.26 zu sehen.

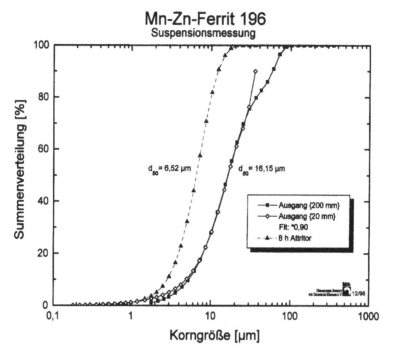

Abb. 2.27 Korngrößenverteilung von $Zn_{0,23}Mn_{0,69}Fe_{2,08}O_{4,0}$, mittlere Korngröße 6,52 µm. (Quelle: HITK Hermsdorf)

2.10.2 Korngrößenverteilung, Änderung der Korngröße

Die Korngrößenanalyseauswertung zeigt deutlich die statistische Verteilung der Korngrößen. Eine Gaußverteilung ist annehmbar.

Eine andere Analyseart ist in der Korngrößenanalyse in Abb. 2.27 zu sehen.

Der Stand der Technik beschreibt neue EMV-Hochfrequenz pcb-Leiterplatten mit folgenden Eigenschaften:

- Einbringen von resistiven absorbierenden Laminaten
- Nutzung eines sinnvollen Schirmkonzeptes mit Ground
- Kupferschicht zwischen den Signallagen als Schirmung [25].
- Aufbau einer breitbandigen Kapazität aus mehreren parallelen Kupferschichten mit definierten Preprags als Entstörfilter
- Nutzung eines komplexen Impedanzkonzeptes der Mehrlagenleiterplatte mit Durchkontaktierungen als Anpassung an die Impedanz der Schaltung ≥ keine/wenig Resonanzstellen und Flusskoppelbedingungen für Störoberwellen
- Entwicklung von optimierten Striplinekonzepten (pcb-Leiterplatte) mittels Reduzierung der ausbreitungsfähigen Wellenmodi durch Anpassung der Streifenleitungsgeometrie.

Dieser Stand der fortgeschrittenen EMV-Entwicklung von Leiterplatten scheint den „unökonomischen" Einsatz von zusätzlich absorbierenden Dünnschichtsystemen eindeutig zu verbieten. Jedoch rechtfertigen folgende Fakten die umfangreiche, dünnschichtphysikalische Synthese, Abscheidung und Analyse von dünnen ferrimagnetischen Schichten:

Resistive Materialien absorbieren nur bis maximal 600 MHz. Die sich in Beratung befindenden EMV-Normen (Medizintechnik, Informationstechnik) werden im Prüfverfahren „Störfestigkeit gestrahlt" jedoch bis über 2000 MHz neue Materialien erfordern. Dieser Widerspruch wird mit den vorgestellten magnetischen Materialien gelöst. Magnetische Schichten arbeiten vorzugsweise in Frequenzbereichen > 1000 MHz.

Diese Einsatzfrequenzen erreichen absorbierende resistive Laminate nicht.

EMV-Regeln wie Abschirmzwischenschichten und kapazitive Entkoppelkupferschichten vermögen die Ausbreitung der Oberwellenmodi leicht zu dämpfen, jedoch energetisch nicht vollständig oder mit hohem Grad in andere Energieformen umzuwandeln.

Somit wurde dargelegt, dass der Stand der Technik in Bezug auf künftige EMV-Störaussendungsphänomene/Suszeptibilitätsphänomene durchaus unbefriedigend ist und die Entwicklung von neuartigen Dünnschichtferritsystemen für Frequenzen > 1000 MHz unbedingt notwendig ist.

In dieser Arbeit sollte a) eine absorbierende Schicht für die neuartigen Leiterplatten und b) eine neuartige Multilayerleiterplatte mit absorbierenden Schichten für den EMV-Bereich entwickelt werden.

2.10.3   Modellierungsziel der Schichtsynthese

In den folgenden Betrachtungen soll eine kurze Einführung in die Effekte und Synthese von Spinwellen in dünnen ferritischen Filmen gegeben werden. Im Besonderen wird auf die EMV-Randbedingungen der dynamischen und statischen Feldeinwirkung eingegangen.

Es wird der theoretische Ansatz des NSWR genutzt. Festkörperphysikalische Herangehensweisen werden nur in sehr einfachen Grundzügen erwähnt.

2.10.4   Art der Spinwellenmodi in Abhängigkeit von der Schichtdicke

Es ist deutlich zu sehen, dass im unteren Frequenzbereich ab 1 GHz die Oberflächenmoden zu synthetisieren sind. Diese spielen im EMV-Fall eine wichtige Rolle.

Dünnschichteffekte in magnetischen Schichten scheinen mystische Ursachen zu besitzen. Diese interessanten physikalischen Effekte befinden sich seit 30 Jahren in immer stärkerer Betrachtung durch die Wissenschaft bzw. die Industrie.

Die Speicherindustrie setzte zum Beispiel mit der Magnetbandtechnik in den 1950er Jahren auf den Einsatz von Schichtmaterialien. Spätere Verfahren bis in die 1990er Jahre verringerten die Schichtdicke der Magnetmaterialien bis in den μm/nm-Bereich und wechselten das Speicherverfahren. Folge war eine erhöhte Speicherdichte. In den Jahren ab

2000 wird man weiter mit kleineren Wellenlängen und höheren Aufzeichnungsfrequenzen arbeiten. Die Schichtdicke der magnetischen Schichten wird bis in den Monolagenbereich reduziert werden. Dadurch sind neben schnellstem Speicherzugriff auch extrem hohe Speicherdichten erreichbar. Diese Tendenz in Richtung dünnster Schichtdicken ist erstaunlich, denn je kleiner die Schichtdicken und damit das Materialvolumen, desto kleiner das scheinbare Speichervermögen. Demnach wirken in der Schicht andere Effekte als in einem Volumen. Für die hier betrachteten nm-Ferritschichten lässt sich auf den ersten Blick auch nur eine Nullabsorption auf Grund eines Materialvolumens von fast null vorhersagen.

Nanomaterialien wie zum Beispiel Schichten besitzen Anteile von mehr als 50 % Grenzflächen und Korngrenzen im Gesamtvolumen des Nanokristalliten. In einer dünnen Schicht wirken somit mehr Grenzflächeneigenschaften als bulk Eigenschaften.

Dünnschichteffekte in magnetischen Schichten scheinen geradezu mystische Ursachen zu haben. Diese interessanten physikalischen Effekte befinden sich seit 30 Jahren in immer stärkerer Betrachtung durch die Wissenschaft bzw. die Industrie.

Eine Dünnschicht bzw. ein Nanomaterial besitzt im Hinblick auf Volumenatome auf beiden Seiten der Grenzflächen Grenzflächenatome/Oberflächenatome, die unsymmetrische Bindungsverhältnisse gegenüber dem Volumenatom aufweisen [26]. Nanostrukturierte Materialien besitzen Anteile von mehr als 50 % Grenzflächen und Korngrenzen im Gesamtvolumen des Nanokristalliten. Diese Grenzflächeneigenschaften wirken somit mehr als die bulk-Eigenschaften des nm-Kristalls.

Diese Art der Symmetrie und Wechselwirkung bezieht sich auf eine Zunahme der Größe der Grenzflächeneffekte (zum Beispiel Oberflächeneigenschaften einer Probe). Im Hinblick auf die Anisotropie einer Schicht kann folgender interessanter Effekt entstehen. Im Volumenmaterial sei die magnetische Anisotropie senkrecht zur Schichtebene. Im Schichtzustand überwiegen die Grenzflächeneffekte gegenüber den Volumeneffekten und die Anisotropie „klappt" in Richtung der Flächenparallelen (out of plane).

Neben der Anisotropie ist die Energie, zum Beispiel die Grenzflächenenergie, eine wichtige Größe bei der Diskussion des Unterschiedes zwischen Volumenmaterial und Dünnschichtmaterial. Des Weiteren nimmt die magnetische Anisotropiefeldstärke durch die stärkere Wirkung der Grenzflächenenergie bei sinkender Schichtdicke (ab einer kritischen Schichtdicke) zu.

Die folgenden Betrachtungen sollen auf die unterschiedliche Wirkungsweise von dynamischen elektromagnetischen Feldern auf hexagonale einkristalline bzw. polykristalline magnetische Schichten im EMV-Fall (kleine Felder, keine Vernachlässigungen von Feldstärkekomponenten) eingehen. Es soll die Frage nach den unterschiedlichen Mechanismen der Feldabsorption beantwortet werden.

Mögliche Hinweise auf den Einsatz, Vorteile und Nachteile von Einkristallschichten/ Polykristallschichten in der Elektromagnetischen Verträglichkeit ab 1000 MHz sind darzustellen.

Diese Schichten mit absorptiven Eigenschaften sind besonders für die Elektromagnetische Verträglichkeit im Informationstechnikbereich interessant, da die ausbreitungsfähigen Feldmodi in Frequenzbereichen ab 1000 bis 2000 MHz auftreten.

Abb. 2.28 Darstellung des
Entmagnetisierungsfeldes eines hexagonalen Ferritkristalls

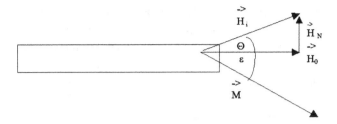

Dies ist der Wirkungsbereich der Spinwellenmaterialien (Ferritschichten, Nanodrähte, magnetostriktive Schichten, Magnetooptikbauelemente).

In der Literatur sind einige Autoren auf die unterschiedliche Wirkungsweise der Polykristalle/Einkristalle mit den dynamischen/statischen Magnetfeldern eingegangen. Einkristalle werden oft mittels des Pulse-Laser-Deposition-Verfahrens abgeschieden [31].

Das Einkristall und das Ferritpolykristall seien wie folgt beschrieben [32]:

Resonanzfrequenz Einkristall: *Resonanzfrequenz Polykristall:*

Unter Beachtung von Porenvolumen und Kristallorientierung.

$$f_r = \gamma H_i \qquad\qquad\qquad f_r = \gamma(H_i + 4M_0 k + (R^2 k^2 + 4Rk + 2))$$

Eine andere Approximation des Poreneinflusses wird dargestellt [12]: In [33] wird auf die besondere Stabstruktur eines Hexaferrites verwiesen (Abb. 2.28).

Im Polykristall wirkt bei jedem einzelnen Kristalliten ein Entmagnetisierungsfeld mit Gauss-Mittelung:

$$H_i = \frac{H}{\cos(\theta)}$$

$$NI\sin(\varepsilon) = H_n = H_0 \tan(\Theta), \quad I \text{ Polarisation}, N = 2\pi$$

$$\sin(\varepsilon) = H\tan(\Theta)/2\pi M$$

$$H_n = H_0 \tan(\Theta)$$

Ebenso kann man wie folgt auf die Problematik im Polykristall eingehen.

Intergranulare Austauschkopplung an Korngrenzen, desto kleiner die Körner, umso größer die Austauschkopplung:

$$J_{ex\,ges} = J_{ex} + J_{ex\,grain} \qquad\qquad (2.21)$$

$$J_{ex\,grain} \approx 1/D$$

$$H_{AWW} = -J_{ex\,ges}/M_0$$

Somit konnte deutlich auf einige Literaturstellen des Standes der Wissenschaft und der Technik verwiesen werden.

Im Folgenden werden einige Details zusammengefasst und der Weg der eigenen theoretischen Vorbetrachtungen eingehend beschrieben.

Das innere magnetische Feld ist gleich Summe der magnetischen Feldeffekte (Poren, Anisotropie, Entmagnetisierungsfeldstärke, Gaußverteilung der Kristallite, Korngröße). Die Modellierungsstrategie hat nach Landau und Lifschitz die mikroskopischen und makroskopischen Werkstoffeigenschaften in das Gleichungssystem einzuarbeiten. Der Vergleich Polykristall (Löcher, Korngröße, Gaußverteilung der Richtung der Orientierung) mit Einkristall (Idealkristall ohne Löcher, eine Richtung der hexagonalen Struktur) ist zu realisieren.

Die theoretische magnetische Gesamtinnenfeldstärke des Polykristalls einer hexagonalen Ferritschicht wird wie folgt beschrieben:

$$H_{i} = H_{n} + H_{0} + h + H_{an} + H_{poren} + H_{grain} + H J_{ex}$$

Für das Einkristall gilt:

$$H_{i} = H_{n} + H_{0} + h + H_{an} + H J_{ex}$$

2.10.5 Zusammenfassung

Es sind folgende Effekte im Sinne der Einschätzung der unterschiedlichen Wechselwirkung des dynamischen HF-Feldes mit Einkristallschichten zu Polykristallschichten des Hexaferrites im Bereich der Elektromagnetischen Verträglichkeit als Berechnungsergebnis zu konstatieren:

Durch die Summe der Halbwertsbreiten der Magnetisierung des Polykristalls ist in diesem Kristallsystem ein höherer HF-Verlust zu erwarten.

Im Einkristall ist eine höhere Resonanzfrequenz zu konstatieren. Verursacht wird diese höchstwahrscheinlich durch die größere innere, effektive Magnetfeldstärke im Einkristall. Über die Gyrotropiekonstante ist somit diese größere Resonanzfrequenz begründbar.

Eine definierte HF-Absorption je Einsatzfrequenz ist mit dem Einkristall designbar. Dieses Verhalten der größeren Magnetisierung im Einkristall kann mit dem Effekt der größeren Austauschfeldstärke im Einkristall [36] begründet werden. Die Resonanzfrequenz im Einkristall ist größer. Dies ist ein eindeutiger Vorteil in der Elektromagnetischen Verträglichkeit des Informationstechnikbereiches. Ebenso ist die Resonanz genauer zu berechnen, da die verwischende Wirkung der Kristallite im Polykristall fehlt.

Nanomaterialien

3

3.1 Schichtanalyse, Anisotropiekonstante und Korngröße von ferrimagnetischen Schichten

Das Ziel der Arbeit besteht in der Abscheidung dünner ferritischer Schichten als Absorbermaterial für die Anwendung in der EMV [43]. Die Arbeiten konzentrieren sich dabei zunächst auf Ni,Zn-Ferritschichten. Es wurden grundsätzliche Untersuchungen zur Eignung der Ferritschichten realisiert.

Die Messungen der magnetischen Eigenschaften ergaben Werte der Koerzitivfeldstärke HC von 0,95 bis 1,28 kOe. Diese extrem hohen Werte der Koerzitivfeldstärke deuten auf eine ausgeprägte Anisotropie der Schichten hin.

Die Anisotropiekonstante der Schicht im ungetemperten Fall beträgt $K_1 = -8,1 \cdot 10^{+6}$ erg/cm^3. Diese Größe weist auf eine für ein Weichferrit zu große Anisotropie hin. Das ist ein Hinweis für die besonderen Eigenschaften des nanokristallinen Materials gegenüber dem Volumenmaterial.

Eine REM-Aufnahme zeigt noch relativ „grob" die Morphologie der Schicht (Abb. 3.1).

Abbildung 3.2 zeigt die Abhängigkeit der ferritischen NiZn-Ferritschichten von der nach dem Sputtervorgang stattfindenden Tempertemperatur zu sehen. Die Koerzitivfeldstärke einer magnetischen Schicht ist exemplarisch ein Hinweis auf die Schichtanisotropie und somit interessant zu betrachten. Man kann sehen, dass die zu fördernde Koerzitivfeldstärke nicht mit der Tempertemperatur steigt.

Auch wenn durch die Fehlanpassung keine optimale Felddurchdringung gewährleistet ist und Absorption verloren geht, wird der Kompromiss realisiert.

Gesinterte HF-Ferrit-Platten weisen eine Reflektionsdämpfung von bis zu 25 bis 35 dB auf (TDK/EUPEN Firmenschriften).

Die in Abb. 3.3 dargestellte Reflektionsdämpfung des Ferritcompounds mit 4 mm Dicke zeigt durch die Fehlanpassung geringere Wirksamkeit von maximal 12 dB bei 900 MHz.

F. Gräbner, *EMV-gerechte Schirmung*, DOI 10.1007/978-3-658-10723-9_3

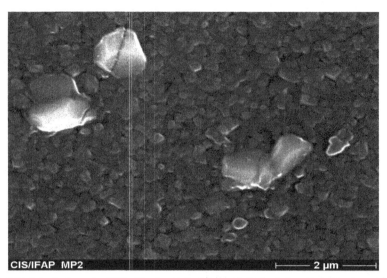

Abb. 3.1 REM-Aufnahme der NiZn-Ferritschicht 200 nm Schichtdicke, die hellen Bereiche stellen die kristallinen Ferritbereiche dar. (Quelle: Analyse der CiS Erfurt)

Abb. 3.2 Abhängigkeit der Koerzitivfeldstärke (Feld parallel zur Schicht) einer NiZn-Ferritschicht von der Temperatur T

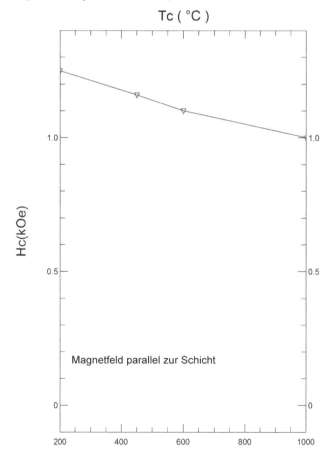

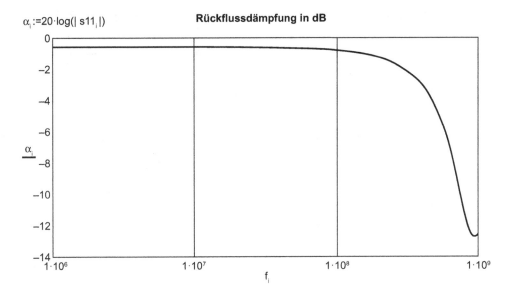

Abb. 3.3 Reflektionsdämpfung der MnZn-Ferrit Compound

3.2 Spinwellenverluste in Ferritschichten

Die HF-Verhältnisse in Volumen und Schichtmaterialien sind grundsätzlich stark verschieden [36–38]. Während in Volumenmaterialien das einzelne Spin des Ferromagneten in Wechselwirkung mit dem jeweiligen Gitter des Ferro- bzw. Ferrikristalls und dem benachbarten Spin steht, so ist die Bindung in einer dünnen magnetischen Schicht nur von der Beziehung der Spins untereinander (der nächsten Nachbarn) gekennzeichnet. Man spricht von der statistischen Nahordnung.

Es treten bei dynamischen Verhältnissen [4] in dünnen Schichten Spinwellen auf. Somit ist nun die Frage zu klären: Was ist eine Spinwelle?

Die Spinwelle wird durch ein Quasiteilchen angeregt, dem Ferrimagnon. Jede Spinwelle ist mit der „Vernichtung" eines Energiequantums [10] verbunden.

Kittel [31] hat zwischen zwei Spinwellenarten unterschieden: zwischen der Oberflächenspinwelle, deren Ursache die Anisotropie an der Oberfläche einer Schicht ist, und der Transversal- und Normalbandspinwelle im Inneren einer Schicht.

Während die Oberflächenspinwellenmoden [37] an der Oberfläche der Schicht „eingespannt – pinning" sind, kann man in einer Schicht nur ungeradzahlige Vielfache der Spinwelle ($n\pi/L$, L – Schichtdicke) anregen.

Satz 1 Nur ein gestörtes System kann Spinwellen in magnetischen Schichtsystemen anregen.

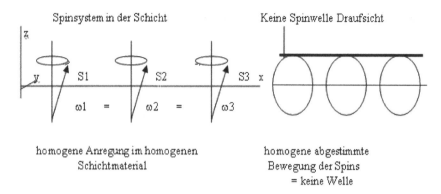

homogene Anregung im homogenen
Schichtmaterial

homogene abgestimmte
Bewegung der Spins
= keine Welle

Abb. 3.4 Nicht ausreichende Anregung einer homogenen Schicht bewirkt keine ausbreitungsfähige Spinwellenbewegung

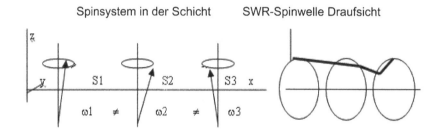

homogene Anregung im   inhomogen abgestimmte Bewegung
inhomogenen Schichtmaterial   der Spins = elektromagnetische Welle

Abb. 3.5 Ausreichende Anregung einer inhomogenen Schicht bewirkt eine ausbreitungsfähige Spinwellenbewegung

Satz 2 Die Störung kann in der Anregung (inhomogener Energieeinfluss zum Beispiel thermisch, mechanisch, elektromagnetisch) von Spinwellen oder/und im Materialaufbau der Schicht bei homogener Anregung liegen.

Eine bildliche Darstellung des Falles, wenn Satz 1 und Satz 2 nicht erfüllt sind und es zu keiner Spinwellenausbreitung kommt, ist in Abb. 3.4 zu sehen.

Die inhomogenen Schichten bei homogenem Energieeinfluss nach Satz 2 sind beispielhaft in Abb. 3.5 dargestellt. Der Zustand der inhomogenen Schicht mit inhomogenem Energieeinfluss wird nicht dargestellt. In Abb. 3.5 ist eine ausbreitungsfähige Spinwelle zu sehen.

Eine weitere Möglichkeit der Anregung von Spinwellen ist die Anregung von Oberflächenspinwellen SSWR, wobei eine homogene Schicht einem homogenen Energiefeld ausgesetzt ist. Die inhomogene Anregung wird durch ein Einklemmen, auch „pinning" der Spins genannt, an den beiden Enden (Anfang, Ende) der Schicht erreicht. Diese Anregung

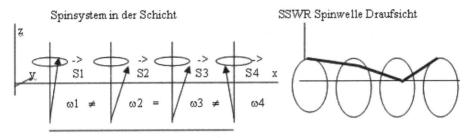

Abb. 3.6 Ausreichende Anregung einer homogenen Schicht mit 2 gepinnten Spins mit einem homogenen Energieeinfluss bewirkt eine ausbreitungsfähige Spinwellenbewegung

ist in Abb. 3.6 zu sehen. Die Sätze 1 und 2 sind von dieser Art des Spinwellenmechanismus nicht eingeschränkt.

Satz 3 Mischformen der in den Bildern und aufgeführten Spinwellenanregungen sind möglich.

Die Vielzahl der Lösung der inhomogenen maxwellschen Gleichungen bzw. des Landau-Lifschitz-Gleichungssystems mit Gilbert-Ansatz in den von uns betrachteten gestörten Spinwellenstrukturen führen zu einer Reihe von Spinwellenmoden. Auf diese Vielfalt der Lösungen wird in den theoretische Betrachtungen zu den Spinwellenverlusten noch ausführlich eingegangen.

Satz 4 Es wird im vorliegenden Fall von Nullfeldspinwellenerregung ausgegangen. Somit ist nicht unbedingt ein Vorhandensein einer großen statischen Magnetfeldstärke für die Existenz von Spinwellen notwendig [31].

Die SSWR ist sehr von der Schichtdicke abhängig [39]. In Abb. 3.7 wird nach Kummer [19] die Eigenschaft der Mannigfaltigkeit durch die Dispersionsdarstellung der Spinwelle gezeigt.

Die Literatur gibt für das Auftreten von Spinwellen in YIG-Materialien eine Ausgangsfrequenz von 233 MHz bei $4\pi M_s = 250$ Oe an, Borovik [38] in (kubische Kristallform) Metallen $f = 100$ MHz. „Übliche" höherfrequente Spinwellen treten nach [37] in Ferritfilmen ab 1 GHz bei höheren statischen Magnetfeldstärken auf.

Verursacht wird die SWR durch die Spin-Spin-Wechselwirkung [2] in der Schicht. Die SSWR wird durch die Spin-Austauschwechselwirkung verursacht.

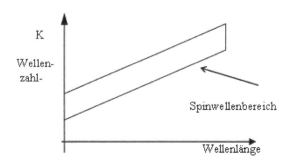

Abb. 3.7 Dispersionsbeziehung bei Spinwellen

3.2.1 Spinwellenanregung

Spinwellen lassen sich auf die in Abb. 3.8 dargestellte Art und Weise anregen.

Im Weiteren wollen wir nur auf die direkte Anregung eingehen. Da im Falle einer absorbierenden Schicht die elektromagnetischen Feldquellen nicht bekannt sind, bleibt der einzige Weg in einem ahomogenen Materialdesign (die indirekte Anregung ist zu aufwändig). Ziel der Spinwellenanregung in gestörten Schichten ist der HF-Absorptionsverlust im Material durch ein kompliziertes Schicht- bzw. Schichtfolgendesign (zusätzlicher Dipoleffekt). Gestörte Ferritschichten können sein:

- Ferritschichten mit einem hohen Anteil an Sekundärferritphasen
- Ferritschichtfolgen, Multilayer [40]
- Unstetigkeiten in der Schicht
- Poren
- Übergangszustand kristallin/amorph

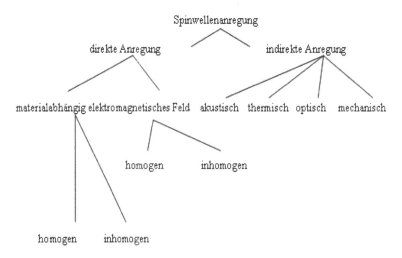

Abb. 3.8 Anregungsarten von Spinwellen

- Spannung im Gitter
- Textur
- raue Oberflächen, Erzeugung von Streueffekten [25]
- Kristalldefekterzeugung durch Oberflächenbehandlung wie Anätzen
- direktes Anlegen einer mechanischen Spannung ergibt Resonanzänderung.

In der Literatur werden viele gestörte Schichtaufbauten durch das starke Anwachsen des Austauschintegrals begründet. In der Domänentheorie ist die Überschreitung der kritischen Partikelgröße Ursache für nicht homogene Magnetisierungsprozesse [40].

Der Einfluss der Kristallanisotropie einer Schicht soll theoretisch für den Fall der fehlenden starken statischen äußeren Magnetfeldstärke durch ein neues Modell diskutiert werden.

Bei den Betrachtungen des Niederländers Huijbregste [41] steigt der HF-Verlust $\mu''_{m,n}$ bei Anisotropiekonstantenerhöhung K der Schicht an.

Im Abschn. 3.3.1 wird insbesondere auf die NSWR (Natürliche Spinwellenresonanz) eingegangen. Auf Effekte wie Multilayerschichten, Schichtstrukturen wird in dieser Arbeit nicht eingegangen. Da diese Effekte einen bedeutenden Einfluss auf das HF-Verhalten einer Magnetschicht haben, wird dieses Thema Gegenstand zukünftiger Forschung.

3.3 Einfluss der Anisotropiekonstanten auf den HF-Verlust der NiZn-Ferritschicht

3.3.1 Theoretische Betrachtungen zum Spinwellenverlust

Es wird unendlich ausgebreitetes Schichtmaterial angenommen. Das Modellierungsmodell des Spinwellenverlustes ist häufig die Landau-Lifschitz-Gleichung mit Dämpfungsterm [43]. Nach Huijbregste-Sietsma [41] wird als dynamische Ausgangsvektorgleichung ein Gleichungssystem mit zwei zeitlichen Ableitungen genutzt. Dieser Ansatz lässt schwierige komplexe Gleichungssysteme im Vorfeld der Modellierung schon als Vorbetrachtung zu. Neu zu den herkömmlichen dynamischen Schichtbetrachtungen ist das Nichtvernachlässigen von Komponententermen gegenüber einer eventuell (nicht vorhandenen) statischen magnetischen Feldstärke.

Wir gehen von folgendem noch einfachen Gleichungssystem (Gl. 3.1) aus:

$$(l/\gamma_0)\frac{\partial \vec{M}}{\partial_t} = (\vec{M} \cdot \vec{H}_{\text{eff}}) - \frac{\alpha}{\gamma_0 M}\left(\vec{M} \cdot \frac{\partial \vec{M}}{\partial_t}\right) \tag{3.1}$$

$\vec{M}$	Magnetisierungsvektor
γ	Gyrotropiekonstante
M_0	Sättigungsmagnetisierung, statisch
α	Dämpfungskonstante

$\vec{H}_{\text{eff}}$ effektiver Magnetfeldstärkevektor (innere und äußere Effekte)

$$\vec{M} = \vec{M}_0 + \vec{m}\,\mathrm{e}^{j\omega t}$$

$\vec{m}$ dynamische Magnetisierung im Material

$$\vec{H}_{\text{eff}} = \vec{H}_0 + \vec{h}\,\mathrm{e}^{j\omega t} + \frac{2K_1}{\mu_0 M_0} \cdot \vec{e}_z \qquad (3.2)$$

$\vec{H}_0$ statische Magnetfeldstärke

$\vec{h}\,\mathrm{e}^{j\omega t}$ dynamischer Anteil der magnetischen Feldstärke (harmonischer Ansatz)

$\frac{2K_1}{\mu_0 M_0} \cdot \vec{e}_z$ magnetische Anisotropiefeldstärke der Schicht (K_1 Anisotropiekonstante).

Neben diesen Gleichungen sollen zusätzlich folgende Bedingungen gelten. (In der Literatur wird der Ansatz $H_0 \gg h_x, h_y, h_z$ stetig angenommen, wodurch sich die Berechnung des μ-Tensors sehr vereinfacht. Wir gehen diesen Weg nicht, da in unserem Fall des Einfalls der EMV-HF-Feldstärke ein vorhandenes externes statisches Feld $H_0 \leq h_x, h_y, h_z$ ist.)

$$m_z = M_0; \quad H_0 = h_z$$
$$\gamma M_0 = \omega_{\text{m}}$$
$$\gamma H_0 = \omega_0$$

Bei der Bedingung von den Verhältnissen $H_0 \leq h_z, h_x, h_y$ entspricht dies weitgehend der NSWR-Bedingung.

Nach der Gl. 3.3 und den aufgeführten Bedingungen kann man die dynamische Landau-Lifschitz-Gleichung mit Dämpfungsansatz für Spinwellen in Schichten aufstellen und das vektorielle Gleichungssystem recht einfach herleiten.

$$\frac{1}{\gamma}\begin{pmatrix} j\omega m_x \\ j\omega m_y \\ j\omega m_z \end{pmatrix} = \mu_0(\vec{M} \times \vec{H}_{\text{eff}}) + \frac{\alpha}{\omega_{\text{m}}}\left(\vec{M} \times \begin{pmatrix} j\omega m_x \\ j\omega m_y \\ j\omega m_z \end{pmatrix}\right) \qquad (3.3)$$
$$m''(K_1,\omega) = m_z''(K_1,\omega) + m_x''(K_1,\omega) + m_y''(K_1,\omega)$$

Dies ist nicht die Beschreibung für die Materialeigenschaft μ der Schicht.

Auf Grund der sehr schwierigen und großen komplexen Ausdrücke der Schichtmodellgrößen wird jedoch der Imaginärteil des Gesamtmagnetisierungsvektors als Anhaltspunkt für einen HF-Verlust der dünnen Schicht und deren Abhängigkeit von der Anisotropiekonstante K_1 gewertet.

In Abb. 3.9 ist die modellierte Größe des Gesamtverlustes m'' des dynamischen Magnetisierungsvektors als Maple-CAD-Darstellung der Gleichungen in Abhängigkeit von K_1 der magnetischen Schicht zu sehen.

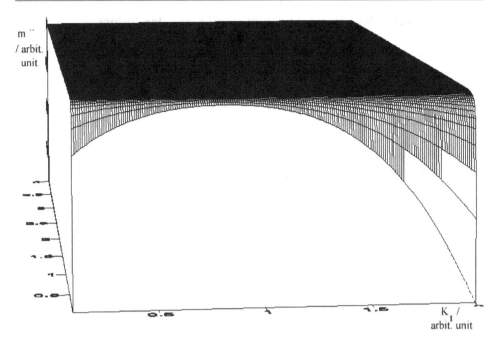

Abb. 3.9 Modellierung des Spinwellenverlustes SWR als Abhängigkeit des Imaginärteiles des dynamischen Magnetisierungsvektors $\text{Im}\{m\} = m''$ von der Anisotropiekonstante K_1 der ferrimagnetischen Schicht

In Abb. 3.9 ist das Ergebnis der Modellierung des komplexen Magnetisierungsvektors als Hinweis auf den HF-Verlust der Schicht zu sehen. Man kann als Befund der theoretischen Betrachtungen zwei Aussagen konstatieren:

Satz 5 Mit wachsender Anisotropie ist ein steigender HF-Verlust zu erwarten.

Satz 6 Es existiert ein optimaler Bereich der Anisotropie, außerhalb dieses Bereiches fällt der HF-Verlust.

Diese für die Zielfunktion optimale Anisotropiekonstante könnte man theoretisch über die Extremwertanalyse von holomorphen Funktionen ermitteln oder experimentell diese Konstante bestimmen.

Im Rahmen dieser Arbeit wird der zweite Weg beschritten. Die nächsten Kapitel werden zeigen, inwieweit der theoretische Ansatz, die theoretische Modellierung und der daraus folgende Hinweis im Schichtdesign sinnvoll waren.

▶ **Regel 1 für das Materialdesign der magnetischen Schicht** Für einen hohen HF-Verlust ist eine optimale Schichtanisotropie zur Realisierung eines hohen Spinwellenverlustes im Material anzustreben.

3.3.2 Experimentelle Betrachtungen zum Spinwellenverlust

Bei der Messung der HF-Effekte muss man völlig neue Wege der messtechnischen Erfassung der HF-Verluste in dünnen Schichten gegenüber der Verluste in Volumenmaterialien gehen.

Ein Hohlleitermessplatz zur Erfassung der Materialparameter geht von Probendicken von 5 mm aus. Dieser Messplatz ist für dünne magnetische Schichten nicht abgestimmt.

3.4 Schichtanalyse, Anisotropiekonstante und Korngröße von ferrimagnetischen Schichten

Eine extreme Nachtemperung ist nicht notwendig im Hinblick auf eine H_c-Steigerung. Nach der Regel 1 für das Materialdesign einer magnetischen Schicht kann nun eine 2. Regel aufgestellt werden.

▶ **Regel 2 für das Materialdesign einer magnetischen Schicht** Eine Nachtemperung ist im Sinne der Erhöhung von H_c eine nicht unbedingt notwendige Bedingung. Bei geringer Nachtemperung ist der Anteil der kristallinen Bereiche klein und demnach ist die Modellierungsforderung der gestörten Strukturen vorhanden.

Bei den nachgetemperten Schichten sind mehr kristalline Bereiche vorhanden. Viele Kristallite bedeuten eine größere „Ordnung" und könnten damit einen kleineren Spinwellenverlust verursachen als wenige.

Die Literatur [33] geht bei NiZn-Ferrit-Schichten von Korngrößen von 800 nm aus. Bei den getemperten NiZn-Ferritschichten wurde aus der Halbwertsbreite der Röntgenbeugungspeaks die Korngröße mit 500 nm ermittelt. Die vorhandenen Schichten sind nanokristallin.

Wir haben somit einen nanokristallinen bis mikrokristallinen Werkstoff aufgebaut. Bei den ungetemperten Proben wird eine Korngröße von 60 nm bestimmt. Bei den Volumenmaterialien wurde bei wachsender Korngröße ein wachsender HF-Verlust konstatiert. Dieser Befund deutet sich auch bei den dünnen Schichten an.

Abschließend kann zur Schichtcharakterisierung gesagt werden, dass sich die nanokristallinen Werkstoffeigenschaften durch die deutliche Anisotropie der Schicht zeigen. Ein natürlicher Spinwellenverlust [35] wurde gleichfalls mit einer Multilayerstruktur erzeugt, jedoch für die HF-Visualisierung ist die Schicht wegen ihrer geringen Wärmeentwicklung auf der Oberfläche nicht nutzbar. Applikationen der synthetisierten Schicht sind in der Nachrichtentechnik (Filter), Convolver (Faltungsanalysebauelement aus der Nachrichtentechnik, bestehend aus einer Ba-Ferritschicht) bzw. in der EMV-Gehäusetechnik denkbar.

3.4.1 Absorptionsdämpfung der ferritischen Schicht

Die Betrachtungen zur HF-Dämpfung der ferritischen Schicht umfassen keine Werkstoffanalyseverfahren. Da diese Dämpfungsanalysen in der HF-Technik noch nicht üblich und eng mit dem Schichtdesign bzw. mit der Werkstoffanalyse der dünnen Schichten verbunden sind, sollen die Betrachtungen zur Absorptionsdämpfung in diesem Kapitel diskutiert werden.

Der Messaufbau ist sehr wichtig zur HF-Analyse und damit im weitesten Sinne auch für den Werkstoffdesignprozess. Als prinzipieller Messaufbau ist auch weiterhin der Striplinemessplatz zu nutzen. Die Bewertung der HF-Dämpfung der Schicht ist komplexer im Zusammenhang mit dem Messplatzaufbau zu diskutieren.

Eine wichtige Größe ist die Feldanpassung einer auszumessenden Schicht. Prinzipiell kann man zur Erklärung der Notwendigkeit der Feldanpassung der Schicht nutzen. Auch der Schichtflächenwiderstand ist an den Feldwellenwiderstand der Luft anzupassen.

Der Messaufbau und die Diskussion zum Verlauf, Ausbreitung und Dämpfung der elektromagnetischen Strahlung ist von fundamentaler Bedeutung der Einschätzung der Absorption der HF-Energie im nanostrukturierten Material.

Formal betrachtet bilden nach der Betrachtung der HF-Dämpfung eines Materials mittels der Leitungstheorie und der S-Parameterbeschreibung die Reflektion und Transmission in jedem Falle die Grundlage der Diskussion.

Bezugnehmend auf den Messaufbau I und II zur Einschätzung der Wirksamkeit der dünnen Schicht auf die Felddämpfung kann man jedoch eine charakteristische Aussage zur Formelbeschreibung treffen.

Für den Messaufbau I gilt die folgende Abhängigkeit der Absorptionskonstante a bei gleichzeitiger Anpassung an die Feldwellenwiderstandsanpassung der Messanordnung:

$$a = r \hspace{5cm} (3.4)$$

a Absorptionskonstante in Absolutwerten $(0\ldots 1)$

r Reflektionsdämpfung in Absolutwerten $(0\ldots 1)$.

Diese Gleichung gilt nur für Materialien mit einer elektrischen Leitfähigkeit von null.

Es ist die Reflektionsdämpfung als Änderung des S_{11}-Parameters der Striplineanordnung, mit und ohne Schicht zur HF-Bewertung hinzuzuziehen. Beim Messaufbau ist die Gl. 3.4 zur HF-Bewertung zu nutzen und die S-Parameter S_{11} und S_{21} in diese Formel einzusetzen.

Es wurde sich für den Messaufbau I entschieden, da mit diesem Bewertungsverfahren nur eine Komponente (Reflektion mit und ohne Schicht) zur Analyse zu erfassen ist.

Das Problem der genauen und fehlerfreien Reflektionsdämpfung stellte sich. Eine sich lediglich ändernde Resonanzverteilung ist zu diskutieren. Diese sich aus der Physik der Leitungstheorie hinsichtlich der Stripline ergebende Abweichung von der realen niedrigen Reflektionsdämpfung wurde durch eine Mittelung der Resonanzverschiebung ausgemittelt.

Mit diesem Resonanzverschiebungsmittlungsverfahren konnte die Gleichung als die definierte HF-Bewertung im Sinne der Absorptionsdämpfung genutzt werden.

Deutlich ist der höhere HF-Verlust in der Mehrfachschichtprobe gegenüber einer Einzelschichtprobe experimentell feststellbar gewesen. Dieser Effekt wird durch die Spinwellenkopplungen der einzelnen Ferritschichten untereinander verursacht.

In der Schichtdickendarstellung mit der Spinwellenausbreitung kann man sagen, dass sich die Frequenz der Spinwelle in der Schicht nach der Länge hin erhöht. Je höher die statische Magnetfeldstärke H_0 nach der **Kittelformel**, desto höher nach Gl. 3.5 die Resonanzfrequenz:

$$f_r = \frac{\gamma H_A}{2\pi} \tag{3.5}$$

Somit ist zu sehen, dass metallische und elektrisch leitfähige ferrimagnetische Schichten ein mögliches Band an Spinwellenfrequenzen besitzen.

Von besonderem Interesse bei der notwendigen Spinwellenverlustmodellierung je technische Applikation ist der Einfluss der Probengeometrie auf den HF-Verlust in der Schicht. Die Literatur gibt dazu folgende Erkenntnisse. Es ist möglich [39], neben der Landau-Lifschitz-Gleichung das Maxwell-System mit allen Rand- und Anfangswertbedingungen zu lösen.

Das Ergebnis der Betrachtung ist schwer zu interpretieren, je nach Spinwellen-Modi und -Probengeometrie sind die Magnetspektroskopiereflexe zu konstatieren.

Es ist eine Abhängigkeit der Halbwertsbreite der Spinwellendispersion von der Dicke der Schicht nicht definierbar [40].

In den vorhergehenden Betrachtungen ist die Abhängigkeit der Schichtdicke eines Multilayersystems untersucht worden. Es geht aus den Betrachtungen und überschlägigen physikalischen Abschätzungen dieses Kapitels hervor, dass die Abhängigkeit nur über eine komplizierte Festkörperbetrachtung der dynamischen Dämpfung des Spinsystems von der Schichtdicke des magnetischen Layers zu berechnen ist.

Im vorliegenden Spinwellenfall soll mit relativ einfachen Mitteln versucht werden, die Frage nach einer eindeutigen HF-Verlustabhängigkeit der Probengeometrie mittels des gedämpften Landau-Lifschitz-Systems für den EMV-Fall zu beantworten.

Die Abhängigkeit der Dämpfung der Spinwellendispersion wird mittels der natürlichen Spinwellenresonanz und der Beachtung der EMV-Feldverhältnisse in Abhängigkeit von der Geometrie der Magnetschicht analytisch diskutiert.

3.5 Wirbelstromeffekte in metallischen Magnetfilmen: Snoeklimit für Schichtsysteme/Einzelschichten

Zu den realen Werkstoffeigenschaften in magnetischen Schichten zählen neben den Eigenschaften des Realkristalls (Polykristall, Fehler 1. und 2. Ordnung) die folgenden schon betrachteten Schichteffekte:

- Unterschied Spinwellenausbreitung im Einkristall/Polykristall
- Entmagnetisierungseffekte – Größenabhängigkeit von der Probe
- Domänenverhalten.

Wichtig zu nennen sind neben der Kittelfrequenz die Snoeksche Theorie. Snoek gibt eine obere Frequenzgrenze an, bei der eine magnetische Schicht das „erwartete" Frequenzverhalten aufweist. Ab dem Snoeklimit wirkt eine magnetische und leitfähige Schicht kaum noch.

Ursache des Snoekgesetzes ist die Tatsache, dass eine Resonanz auch in nicht vollständig gesättigten Magnetmaterialien auftreten kann. Es wirken Randdipolfelder, die in die resultierende, magnetische Feldstärke eingehen.

Snoekgesetz

$$(\mu_r - 1) f_r = \gamma' 4\pi M_0 \sqrt{\frac{H_k + (N_y - N_z)M_0}{H_k + (N_x - N_z)M_0}} \quad \text{(maximale Resonanzfrequenz)} \quad (3.6)$$

Bei den meisten Ferriten liegt die Snoekkonstante bei $S = 2\text{--}5\,\text{GHz}$.

Ferromagnetische Metalle besitzen höhere Sättigungsmagnetisierungen als zum Beispiel Eisen bei $2\pi M_0 = 2{,}15\,T$ und somit eine Resonanzfrequenz von $40\,\text{GHz}$.

Grob kann man die Kittelfrequenz folgendermaßen angeben:

$$f_r = \frac{\gamma \sqrt{M_0 H_A}}{2\pi} \quad (3.7)$$

Die komplexe Leitfähigkeit geht in die Wolmanngrenzfrequenz ein. Der Wirbelstromeffekt stellt dar: Je höher die Leitfähigkeit, desto kleiner die wirksame Grenzfrequenz, bis eine magnetische Schicht wirkt.

Diese Frequenzen sind sehr grob nach Kittel (Gl. 3.7) einschätzbar, jedoch ist das exakte Spinwellendispersionsverhalten mittels des Landau-Lifschitz-Systems berechenbar und mit den Mikrostrukturgrößen M, K, γ, T_c der Einheitszelle des Ferrites in Abhängigkeit zu bringen.

Die nun betrachteten Grundlagen der Spinwellendispersion im EMV-Fall sind somit nur für lediglich ferromagnetische Schichten gültig. Wenn neben dem magnetischen Verhalten auch ein elektrisch leitfähiges Verhalten in der Schicht zu konstatieren ist, so sind weitere Betrachtungen zur Frequenzgrenze der Wirksamkeit des Eindringens des dynamischen elektromagnetischen Feldes in die Schicht nach Snoek nötig.

Es existiert eine Frequenzwirkungsobergrenze je nach Leitfähigkeit der Schicht. Diese Grenze wird als Snoekgrenze beschrieben. Es wird der Effekt der Wirbelstromausbreitung und Eindringtiefe genutzt, um die maximale Frequenzgrenze zu beschreiben. Diesem Frequenzlimit liegen eine komplexe Leitfähigkeit und eine maximale Eindringtiefe des elektromagnetischen Feldes nach dem Wirbelstromeffekt zu Grunde.

Die Grenzfrequenz wird nach der Formel in Gl. 3.8 als **Wolmannfrequenz** beschrieben:

$$f_{g,\text{Virb}} = \frac{4\rho}{\mu_a \mu d^2} \quad (3.8)$$

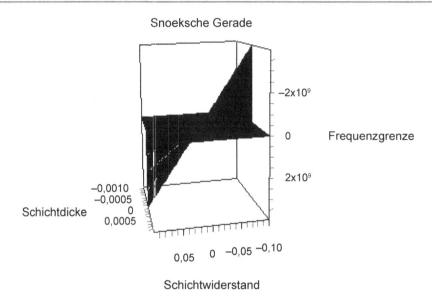

Abb. 3.10 Darstellung der theoretischen Frequenzgrenze bei magnetischen leitfähigen Schichten

$\mu_a = M_0/H_a$

d Schichtdicke

ρ spezifischer Widerstand.

In Abb. 3.10 ist die aus Gl. 3.8 resultierende Snoeksche Gerade zu sehen.

Es ist in Abb. 3.10 die Snoeksche Gerade als Abhängigkeit der maximalen Grenzfrequenz der magnetischen elektrisch leitfähigen Schichten von der Schichtdicke und der Leitfähigkeit zu erkennen. Die fast lineare Proportionalität ist an der angedeuteten Geraden zu sehen. Dies bedeutet, dass bei geringer werdendem Schichtwiderstand eine kleiner werdende Grenzfrequenz zu erwarten ist.

▶ **Regel für das Schichtdesign**   Bei elektrisch leitfähigen Schichten ist der Schichtwiderstand zu erhöhen, um die Einsatzfrequenz und Grenzfrequenz zu erhöhen.

Neben den magnetischen Momenten (Tab. 3.1 und 3.2) sind für die angestrebten EMV-Eigenschaften auch Aussagen zur magnetischen Anisotropie sehr wichtig.

Erste Messungen der Anisotropiekonstanten sind in Tab. 3.3 zusammengefasst.

In Abb. 3.11 wird anhand der Probe eine typische Hysteresekurve gezeigt (TU Ilmenau FG Glas/Keramik). Auf Grund einer Koerzitivfeldstärke von ca. 0,1 kOe ($\approx$ 100 A/cm) liegen die Proben zwischen hart- und weichmagnetischen Werkstoffen.

Die Messungen der Absorptionsverluste im elektromagnetischen Wechselfeld im Frequenzbereich von 40 bis 3800 MHz erfolgten in einer Striplineanordnung. Der maximal gemessene HF-Verlust betrug 2 dB. Eine Verbesserung der Absorption konnte durch das

Tab. 3.1 Abgeschätzte magnetische Momente. (Quelle: TU Ilmenau, FG Glas, Keramik)

Momentenwerte

Probe-Nr.	p_{Ar} [mbar]	H_c [kOe]	m_s [G cm^3]	m_r [G cm^3]	$m(H)$-Fläche [kOe G cm]
128	$5 \cdot 10^{-3}$	0,09	0,00220	0,00009	0,00052
126	$5 \cdot 10^{-3}$	0,08	0,00166	0,00005	0,00096
111	$7 \cdot 10^{-3}$	0,09	0,00317	0,00012	0,00084
117	$10 \cdot 10^{-3}$	0,13	0,00377	0,00022	0,001
112	$17 \cdot 10^{-3}$	0,03	0,00285	0,00009	0,00043

$T_{Heizer} = 500\,°C$; Proben 126, 111, 117 und 112 $t = 20\,min$, Probe 128 $t = 40\,min$

Tab. 3.2 Abgeschätzte Magnetisierung. (Quelle: TU Ilmenau FG Glas, Keramik)

Magnetisierung

Probe-Nr.	p_{Ar} [mbar]	H_c [kOe]	M_s [G]	M_r [G]	$M(H)$-Fläche [kOe G]
128	$5 \cdot 10^{-3}$	0,09	438,2	17,9	103,6
126	$5 \cdot 10^{-3}$	0,08	451,1	13,6	260,9
111	$7 \cdot 10^{-3}$	0,09	159,8	6,0	42,3
117	$10 \cdot 10^{-3}$	0,13	399,8	23,3	190,9
112	$17 \cdot 10^{-3}$	0,03	199,2	6,3	30,0

$T_{Heizer} = 500\,°C$; Proben 126, 111, 117 und 112 $t = 20\,min$, Probe 128 $t = 40\,min$

Tab. 3.3 Anisotropiekonstanten

Anisotropiemessung

Probe-Nr.	p_{Ar} [mbar]	T [min]	T_{Heizer} [°C]	$H_{k\,eff}$ [kOe]	K_{eff} [erg/cm^3]	K_1 [erg/cm^3]	K_2 [erg/cm^3]
126	$5 \cdot 10^{-3}$	20	500	−3,4375	−548.682,7	91.625,9	15.767,6
128	$5 \cdot 10^{-3}$	40	500	−3,9836	−800.351,2	214.160,3	14.519,1

Übereinanderlegen mehrerer dünner NiZn-Ferritschichten (bis zu vier Schichten) erreicht werden.

Dabei spielt einerseits der Effekt der Erhöhung der effektiven Schichtdicke eine Rolle, andererseits aber auch die Austauschwechselwirkung zwischen den Schichten.

Der zweite Effekt überwiegt, da eine Erhöhung der Dicke der NiZn-Ferritschicht von 200 auf 800 nm keine merkliche Verbesserung hinsichtlich des HF-Verlustes brachte. Diese Ergebnisse lassen den Schluss zu, dass ausreichende HF-Verluste für einen technischen Einsatz der Schichten nur über Multilayersysteme mit dünnen nichtmagnetischen Zwischenschichten zu erreichen sind.

Durch die dünnen nichtmagnetischen Zwischenschichten kommt es zu einer sehr starken Austauschwechselwirkung zwischen den magnetischen Schichten, was zu zusätzlichen Absorptionsverlusten im HF-Feld führt. Daneben sollten in der weiteren Forschungs-

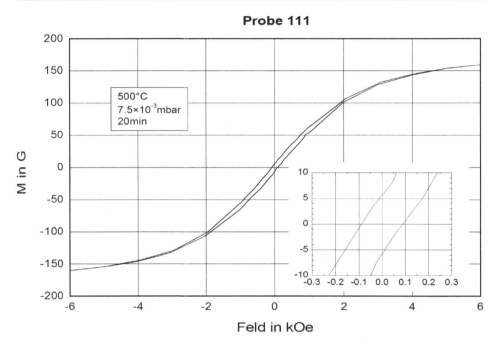

Abb. 3.11 Typische Hysteresekurve NiZn-Ferritschicht. (Quelle: Messung TU Ilmenau FG Glas/Keramik)

tätigkeit auf dem Gebiet dünner magnetischer Schichten für EMV-Anwendungen auch Multilayersysteme mit verschiedenen magnetischen Schichten untersucht werden.

Bei der Messung der HF-Effekte sollte man völlig neue Wege der messtechnischen Erfassung der HF-Verluste in dünnen Schichten gegenüber denen in Volumenmaterialien gehen. Der Hohlleitermessplatz zur Erfassung der Materialparameter geht von Probendicken von 5 mm aus. Dieser Messplatz ist für dünne magnetische Schichten nicht abgestimmt.

Es wird im Folgenden ein Striplinemessplatz für die Messung der HF-Verhältnisse im Material vorgestellt.

Neben der Reflektionsdämpfung spielt die multiple Reflektion bei Dämpfungen von < 15 dB eine Rolle [38]. In Gl. 3.9 taucht die Reflektionsdämpfung bei den Gesamtschirmverlusten eines HF-Materials mit auf.

3.5.1 Schelkunoff-Gleichung

$$S = A + R + B \tag{3.9}$$

S Schirmdämpfung in dB
A Absorptionsdämpfung in dB
R Reflektionsdämpfung in dB
B multiple Reflektion in dB.

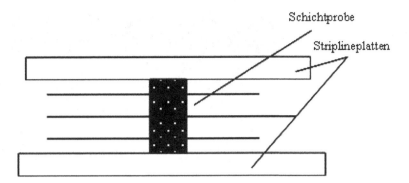

Abb. 3.12 Feldverlauf des homogenen H-Feldes durch die Schichtprobe. E und H liegen tangential zur Schichtfläche

Der uns interessierende Term der Reflektionsdämpfung wird mit einem Striplinemessplatz erfasst. Dieser Messplatz ist in Abb. 3.12 dargestellt.

- Fehlerbetrachtung der Messanordnung: Bei der Striplineanordnung wurde ein Stehwellenverhältnis von 1,2 bei 2 GHz ausgemessen. Somit ist diese Messanordnung mit diesem Verhältnis gut nutzbar.
- Messplatz zur Erfassung der Reflektionsdämpfung von dünnen magnetischen Schichten.

Den genauen Feldverlauf und den Ort der Probe kann man in Abb. 3.12 sehen. Das in Abb. 3.12 angegebene homogene Magnetfeld erlaubt eine reproduzierbare Messung. Die Proben müssen nichtleitend sein, da es sonst zu einem Feldkurzschluss in der Stripline kommt.

Zur genauen Kenntnis des Übertragungsverhaltens der Stripline ist es nötig, die einzelnen Komponenten der Streumatrix bei leerem Messplatz zu ermitteln.

Die Bilder geben den reziproken Feldverlauf beider Portmessungen an. Ebenso kann man in der Reflektion zum Beispiel S_{11} den relativ konstanten Übertragungsverlauf der Stripline erkennen.

3.6 Höchstfrequenzdämpfungsversuche, HF-Materialbewertung

Zur Bewertung der ferrimagnetischen Dünnschichtsysteme im Frequenzbereich $f = 80$–3800 MHz wurden zwei Messverfahren genutzt.

Zum einen wurde über die Messung der Resonanzverschiebung und der Resonanzgüteänderung eines Striplineresonators die komplexe Permeabilität bestimmt. Zum anderen werden die Gehäuseinnenresonanzen, hervorgerufen durch eine Quellsonde, von einer Empfangssonde gemessen.

Abb. 3.13 Darstellung des
Striplineresonators

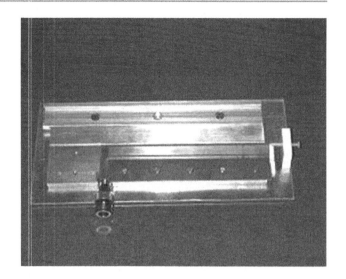

Die Bestimmung der komplexen Permeabilität von dünnen Schichten erfolgt durch Messung der Resonanzfrequenzverschiebung und der Resonanzgüteänderung des in Abb. 3.13 und 3.14 gezeigten Striplineresonators.

Bei diesem Aufbau wurde die Portleitung auf 50 berechnet, der Resonator auf etwas weniger. Die Anordnung wird an Port 1 des Netzwerkanalysators angeschlossen und die Reflektion gemessen. Abbildung 3.15 zeigt die Resonanzstellen.

Der Objektträger mit der Ferritschicht wird während der Messung an den Leiterplattenrand bzw. das Ende des Resonators angedrückt.

Da die dielektrischen Eigenschaften des Substrats selbst die Resonanzfrequenz und die Resonanzgüte beeinflussen, sollte zuerst eine Messung mit dem unbeschichteten Substrat durchgeführt werden. Daraus ergeben sich die Resonanzfrequenz f_{r0} und die Resonanzgü-

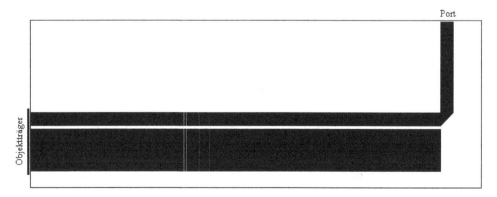

Abb. 3.14 Striplineresonator in Layoutdarstellung

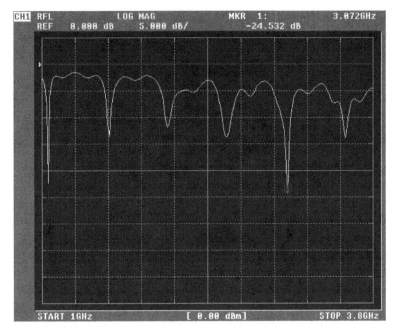

Abb. 3.15   Resonanzstellen des Striplineresonators

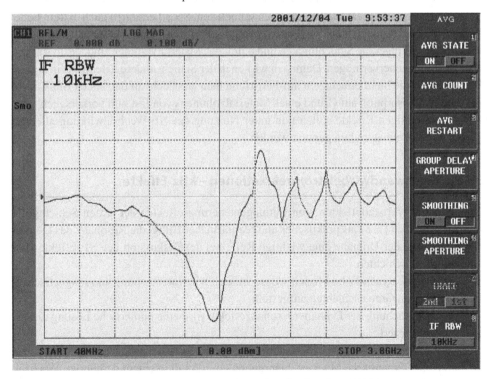

Abb. 3.16 ΔS_{11}-Parameter einer Mehrfachschicht NiZn-Ferrit (40 bis 3800 MHz)

te Q_0. Die zweite Messung mit dem beschichteten Substrat (Abb. 3.16) liefert f_{r1} und Q_1. Mit diesen Messwerten werden nach den folgenden Gleichungen μ' und μ'' berechnet:

$$\mu' = (f_{r0}/f_{r1})^2$$
$$\mu'' = \mu'/(Q_0 - Q_1)$$

3.7 Relaxationseffekte von Magnetmaterialien im kHz-Bereich

3.7.1 Blochwandrelaxationen

Dünnschichteffekte in magnetischen Schichten scheinen weitgehend unbekannte Ursachen zu besitzen. Diese interessanten physikalischen Effekte befinden sich seit 30 Jahren in immer stärkerer Betrachtung durch die Wissenschaft bzw. die Industrie.

Die Speicherindustrie setzte zum Beispiel mit der Magnetbandtechnik in den 1950er Jahren auf den Einsatz von Schichtmaterialien. Spätere Verfahren bis in die 1990er Jahre verringerten die Schichtdicke der Magnetmaterialien bis in den μm/nm Bereich und wechselten das Speicherverfahren. Die Folge war eine erhöhte Speicherdichte. In den Jahren ab 2005 wird man weiter mit kleineren Wellenlängen und höheren Aufzeichnungsfrequenzen arbeiten. Die Schichtdicke der magnetischen Schichten wird bis in den Monolagenbereich reduziert werden. Dadurch sind neben schnellstem Speicherzugriff auch extrem hohe Speicherdichten erreichbar. Diese Tendenz in Richtung dünnster Schichtdicken ist erstaunlich, denn je geringer die Schichtdicken und damit das Materialvolumen sind, desto stärker wächst das Speichervermögen. Demnach wirken in der Schicht andere Effekte als in einem Volumen. Für die hier betrachteten nm-Ferritschichten lässt sich auf den ersten Blick auch nur eine Nullabsorption auf Grund eines Materialvolumens von fast null vorhersagen.

Diese neuartigen Effekte sollen nun unter Nutzung der NF-Wechselwirkung als magnetische Schirmmaterialien genutzt werden.

3.7.2 Blochwandwirbelstromrelaxationen – kHz-Effekte

Neben den Polykristalleffekten, den Entmagnetisierungseffekten der realen Schichtgeometrie spielt nach [7, 8] als praktischer und realitätsnaher Effekt die Resonanz des Domänengitters bzw. der Domäne eine wichtige Rolle bei der Diskussion der NF-Effekte von magnetischen Schichten.

Das folgende dynamische Modell wurde speziell zur Untersuchung von magnetischen Resonanzen von Granatschichten aufgestellt.

Zur Verdeutlichung der Domänenresonanzeffekte wird eine numerische Lösung dieses Systems visualisiert.

Die Domänenanordnung sei wie in Abb. 3.17 gegeben.

Durch eine dynamische Magnetfeldanregung (sinus) soll in einem definierten Wechsel die Magnetisierung M in der Schicht umklappen.

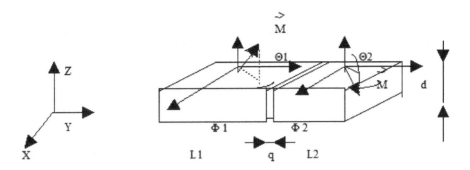

Abb. 3.17 Darstellung von Streifendomänen eines Films der Dicke d mit der Länge der Domänen L_1 und L_2

Ein dynamisches parametrisches Differentialgleichungssystem der Domänenwandbewegung haben Dötsch und Kollegen [7] als Modelle eines Zeitvorgangs aufgestellt. Zur Visualisierung der Domänenwandbewegung wird dieses System gelöst:

$$\frac{d\theta_i}{dt} = \frac{2\gamma}{M_0 \sin\theta_{i0}} \frac{\partial F}{\partial\phi_i} \quad \frac{d\phi_i}{dt} = \frac{2\gamma}{M_0 \sin\Theta_{i0}} \frac{\partial F}{\partial\Theta_i} \tag{3.10}$$

$$\frac{dq}{dt} = L\frac{\partial F}{\partial p} \tag{3.11}$$

$$\frac{dp}{dt} = L\frac{\partial F}{\partial q} \tag{3.12}$$

Das nichtlineare dynamische Gleichungssystem (Gl. 3.10–3.12) beschreibt den dynamischen Bewegungsablauf einer Domänenwand, welcher in Gl. 2.8 aufgestellt wurde.

$$m\ddot{x} + \beta\dot{x} + \alpha x = pHJ_S \cos(\Theta)$$

m Masse der Blochwand
x Ortskoordinate der Blochwand
p Faktor des Wandtypes
J Polarisation
α Dämpfungskonstante
α_s Beitrag der Spinrelaxation
β_w Wirbelstromrelaxation
Θ Winkel zwischen J und H.

Somit kann man zum NF-Verhalten der Domänen in dünnen magnetischen Schichten feststellen, dass nach einem Einschwingen eine konstant stabile Domänenschwingung zu erwarten ist. Die Anfangsparameter nähern sich asymptotisch einem Gleichgewichtszustand der Schwingungen an.

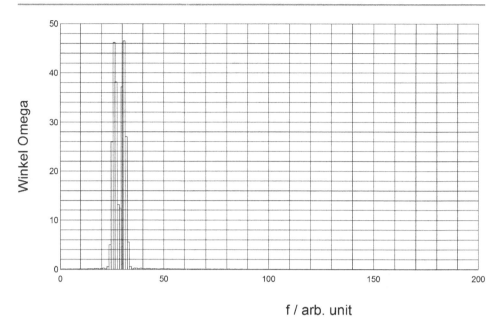

Abb. 3.18 Frequenztransformation der Winkelbewegung des Magnetisierungsvektors bei NF-Blochwandresonanzen

Ergebnis der theoretischen Betrachtung ist die Aussage 1, dass eine Resonanz im Zeit-bereich des Winkels der dynamischen Magnetisierung zu konstatieren ist. Diese Aussage ist über eine Frequenztransformation leicht zu erkennen (Abb. 3.18).

Somit ergibt sich aus der Resonanz der Blochwandbewegung eine NF-Frequenzreso-nanz und damit ein vorhergesagter magnetischer NF-Verlusteffekt in einem speziellen Frequenzfenster der Eisendünnschicht.

Ebenso geht als zweiter Effekt nach Gleichung die Wirbelstromrelaxation als weite-rer Dämpfungseffekt ein. Dafür gilt, je leitfähiger ein Material ist, umso größer ist die Wirbelstromdämpfung. Dazu ist jedoch anzumerken, dass eine erhöhte Leitfähigkeit eine geringe magnetische Absorptionsresonanz auch im NF Fall bewirkt. Weiterhin sollte die Masse der Blochwand erniedrigt werden.

Die Literatur [9] gibt eine Abhängigkeit der NF-Verluste über eine zu erhöhende NF-Permeabilität an.

3.8   NF-Verluste

3.8.1   Materialanalyse

Mittels Durchlichtmikroskopie ist eine allgemeine Mikroskopdarstellung wie in Abb. 3.19 sichtbar.

Abb. 3.19 Mikroskopische Darstellung des magnetischen Nanomaterials (50 nm Fe auf 37 µm PTFE-Substrat)

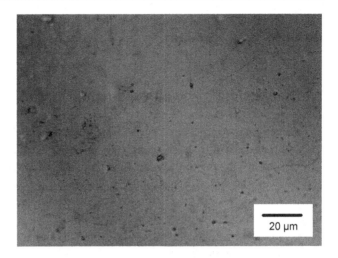

Es ist deutlich eine sehr rissige und löchrige Morphologie der Fe-Schicht (in Abb. 3.19) zu erkennen. Somit sind ebenso Einbrüche der magnetischen Schirmdämpfung in der Mikrostruktur zu erwarten.

Die Pinholes wirken als Hindernisse für die Blochwandbewegung. Mechanische Spannungen der magnetischen Folie sind zu vermeiden.

Das Spinwellendiagramm der Schicht Fe (50 nm) auf 36 µm Polyesterfolie ist in Abb. 3.20 deutlich zu erkennen.

Die Messung der magnetischen Mikrostruktur ergibt eine weitgehende magnetische Isotropie. Stark anisotropes magnetisches Material besitzt bei der $\Theta = 90°$-Messung eine Resonanz bei rund 20 T. Ebenso kann auf Grund der nicht geringen Halbwertsbreite von

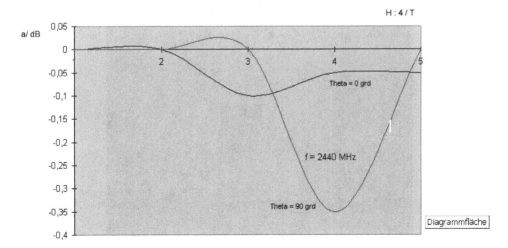

Abb. 3.20 Magnetspektroskopiedarstellung der magnetischen Mikrostruktur. (Quelle: [46])

nichtkristallinem Material ausgegangen werden, es besteht kaum Teilchencharakter. Eine Flächenanisotropie ist möglich.

3.9   Abscheidung von ultradünnen Hematitschichten

Es bietet sich als Abscheideverfahren von ultradünnen Schichten neben den vorgestellten Verfahren das MF-Sputterverfahren an. Insbesondere das reaktive Sputterverfahren ist für die Schichtsynthese von Magnetit geeignet. Diese einfache Ferritphase ist durch das Einleiten von einem Reaktivgas möglich.

Die Nachteile des direkten Sputterns, wie die Abweichung von der Stöchiometrie, sind mit dem reaktiven Sputtern weitgehend gedämpft.

Wichtigster Unterschied des reaktiven zum direkten Sputtern ist das Einleiten des Reaktivgases direkt an der Oberfläche der Schicht. An der Oberfläche des Schmelzsees tritt

Abb. 3.21   MF Magnetron-Sputteranlage PTB

als Kondensat der leichter flüchtige Sauerstoff zum Beispiel bei einem Metalloxyd auf. Dieses Gas sollte angesaugt werden.

Es bildet sich zusätzlich zur Abscheideschicht eine chemische Verbindungsschicht auf. Nachtempern einer HF-Feld absorbierenden Schicht wäre positiv, auch aus kristallographischer Sicht. Erst bei 800 °C konnten ferritische Phasen festgestellt werden.

In Abb. 3.21 ist die MF Magnetron-Sputteranlage zu sehen.

Als Druckwerte wurden folgende Partialdrücke verwandt: Sauerstoff $p_1 = 0,5$ Pa und Argon $p_2 = 0,075$ Pa.

Durch das zusätzliche Kornverfeinerungsverfahren [16] ist über den Einbau von zum Beispiel TaN die Leitfähigkeit herabgesetzt. In unserem Fall wird Si bzw. SiO_2 zur Korngrenzenverfeinerung genutzt. Es ist eine zusätzliche mikroskopische Widerstandsbarriere für die Leitungselektronen damit realisiert und die Kornverfeinerung bewirkt einen zusätzlichen Widerstandseffekt.

3.10 Magnetspektroskopische Analyse

In Abb. 3.22 ist das Spinwellenspektrum der Hematitschicht zu sehen. Der Unterschied der Resonanzfeldstärken ist minimal. Somit kann von stark weichmagnetischem Material ausgegangen werden. Die Peaks sind sehr breitbandig, sodass keine kleinen kristallitischen Körner vorhanden sein dürften. Ebenso ist zu sehen, dass das Material bei der Resonanzfrequenz schwach magnetisch ist.

Es besteht kaum Schichtanisotropie im Hinblick auf die Herstellungsbedingung quer/senkrecht, da es fast deckungsgleiche Spektren bei den Θ-Winkeln gibt.

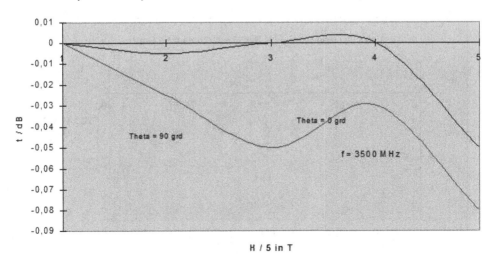

Abb. 3.22 Spinwellenspektrum der Hematitschicht, mit 800 °C getempert, Schichtdicke 20 nm

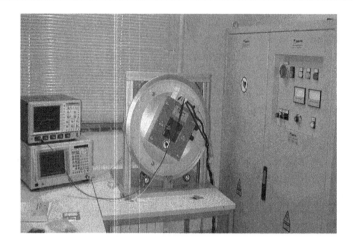

Abb. 3.23 Magnetspektroskopielabormessplatz

In Abb. 3.23 ist die Gesamtmessanordnung außer dem Steuer-PC und dem Drucker zu sehen. Die drehbare Helmholtzspulenanordnung stellt den Winkel Θ (Winkel dynamischer Feldvektor zu statischem Feldvektor) ein.

3.10.1 Analyse der Probeschichten

Folgende allgemeine Messkurve (Abb. 3.24) ist mit einer Magnetspektroskopiemessung analysierbar. Es wurde eine FeCoBSi-Schicht mit einer Schichtdicke im μm-Bereich analysiert.

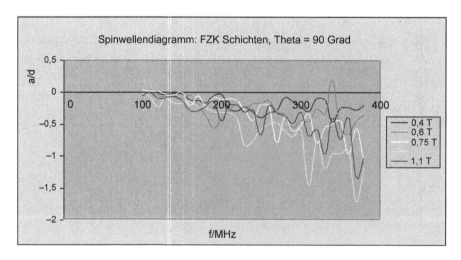

Abb. 3.24 Analyseergebnis der Magnetspektroskopie

Mittels der Magnetspektroskopie sind folgende Aussagen zur Spinwellenausbreitung und zum magnetischen Gitter [1] möglich.

3.10.2 Spinwellenspektrumcharakterisierungsdefinitionen

§ I)   Je nach Auftreten des größten Reflexes kann man sagen, welche Spinwellenart am meisten in oder an der Schicht auftritt. Bei senkrechter Lage des H-Feldes zur Schichtebene überwiegen die Volumenmoden. Bei paralleler Lage die Oberflächenmoden.

§ II) Ist nur ein Peak messbar, so ist ein homogener magnetischer Reflex vorhanden und im magnetischen Gitter nur ein homogener Spinaufbau. Sind mehrere Peaks bzw. Satellitenpeaks vorhanden, so ist ein inhomogener Spinaufbau vorhanden.

§ III) Sind sehr schmale Peaks vorhanden, so überwiegt in der Schicht der Teilchencharakter und nicht der Charakter einer zusammenhängenden Schicht.

§ IV) Sind breite Linien ohne Temperung vorhanden, so kann auf einen Superparamagnetismus geschlossen werden. Ebenso ist bei Anwachsen des Winkels Theta eine Resonanzfeldaufspaltung detektierbar.

§ V)   Die effektive Anisotropiefeldstärke lässt sich aus den Resonanzfeldstärken der jeweiligen Winkelverhältnissen berechnen.

Ein Gesamtspinwellenspektrum ist in Abb. 3.25 zu sehen.

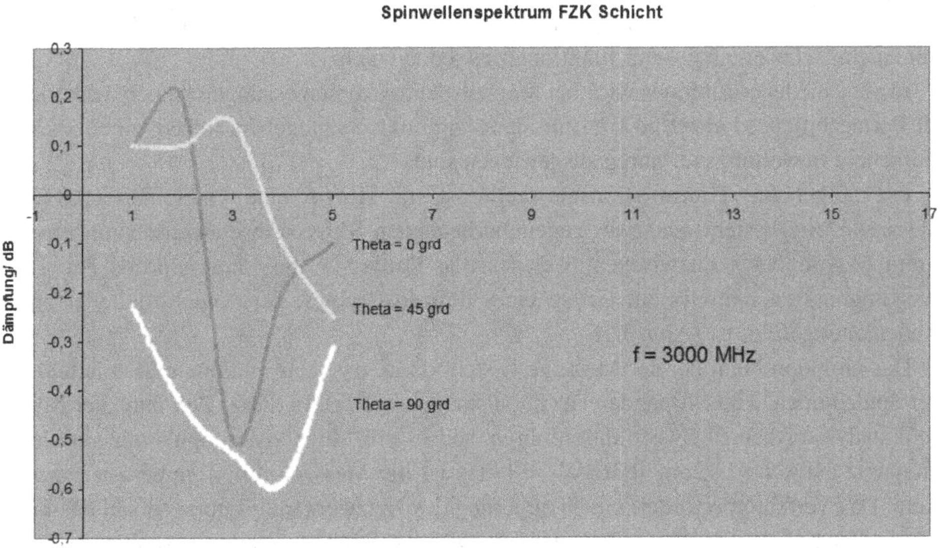

Abb. 3.25 Magnetspektroskopiedarstellung einer FeCoB Si Schicht

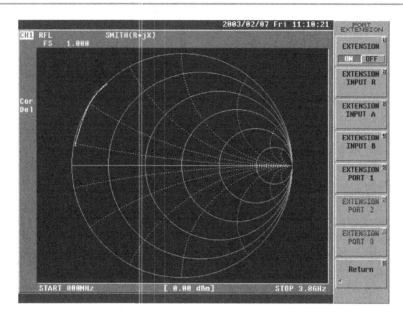

Abb. 3.26 S_{11}-Analyseergebniss der Schicht

Nach den Spinwellenspektrumcharakterisierungsdefinitionen und nach Analyse von Abb. 3.25 ist eine grobe Charakterisierung der magnetischen Verhältnisse (Verzerrung, magnetische Anisotropie) möglich.

Die Bewertung der ferritischen Schichten war anfangs über die komplexe Permeabilität $\mu = \mu' - \mu''$ vorgesehen. Impedanzmessverfahren in Kurzschlussnähe („μ-Messgabel") mit einem Netzwerkanalysator funktionierten jedoch nicht.

In verschiedener Literatur wird bei Magnetspektroskopiemessungen jedoch auch nicht die Permeabilität, sondern die Transmissionsdämpfung α angegeben, sodass wir auf dieses einfachere Bewertungsverfahren ausgewichen sind.

Die aufgebaute Transmissionsmesszelle ist im Prinzip eine verkleinerte ASTM-Messzelle. Sie besteht aus zwei gegenüberliegenden SMA-Flanschbuchsen mit einem 2 mm Messingblech dazwischen, welches den Raum für die Materialprobe hat. Die Auskopplung ist induktiv auf Grund eines dünnen Drahtes, der vom Mittelleiter zum Außenleiter geführt ist (Abb. 3.26).

Das Grundproblem bei der Messung besteht darin, dass das maximale Magnetfeld in der Spule nur ca. 2 ms vorhanden ist (Impulsmagnetisierer). In dieser Zeit kann der Netzwerkanalysator keinen Sweep durchführen, sodass pro Magnetisierimpuls nur auf einer Frequenz (SPAN = 0, mit IF RBW = 1 kHz ist die Messzeit 1 ms) gemessen werden kann. Das Verfahren erfordert eine Triggerung des Netzwerkanalysators, sobald das Magnetfeldmaximum erreicht ist. Dazu wird ein Oszi mit Triggerausgang verwendet, der über eine Messspule um die Zuleitung zur Magnetisierspule das Strommaximum bestimmt.

3.11 Hohlleitermessplatz

Der geplante Hohlleitermessplatz soll den Frequenzbereich 5 bis 20 GHz abdecken, wofür natürlich mehrere Hohlleiter-Koax-Übergänge benötigt werden. Als Probenhalter dient ein Druckfenster zwischen den beiden Hohlleiter-Koax-Übergängen. Als Maß für die Transmissionsdämpfung wird die Verringerung der Ausgangsspannung vom Schottky-Dioden-Detector angesehen (Abb. 3.27).

3.11.1 Ergebnisse

Die FZK-Schichten entsprechen nach den Paragraphen 1 bis 5 folgenden magnetischen Spinschichteigenschaften:

§ 1: Es überwiegen Volumenspinwellenmoden. Ein geringer Anteil Oberflächenmoden ist vorhanden.

§ 2: Bei $\Theta = 90°$ ist eine asymmetrische Kurvenform sichtbar. Dies deutet auf einen sehr inhomogenen Spinaufbau in einem magnetischen Gitter hin. Es ist keine klare eindeutige Spinstruktur sichtbar. Lediglich bei den Reflexen bei $\Theta = 45°$ ist ein homogenerer Spinaufbau vermutbar.

§ 3: Der größte Reflex ist nicht mit schmalen Halbwertsbreiten verbunden, sodass kaum Teilchencharakter (isolierte Kristallite) vorhanden ist.

§ 4: Die Schicht neigt zum Superparamagnetismus.

§ 5: $H_a \approx 0,35\,T$ (Vergleich $NiAl_2O_3$, $d \approx 2\,nm$, $H_a \approx 0,5\,T$).

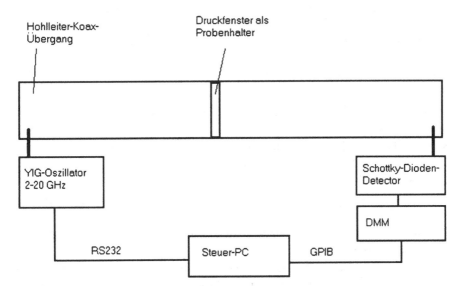

Abb. 3.27 Hohlleitermessplatz zur Messung der Transmissionsdämpfung

3.12 Röntgendiffraktometrische Analyse

Die röntgendiffraktometrische Analyse gibt Aufschluss über die Kristallphase einer Schicht.

Bei einer Temperung von +400 °C der Schicht wurde eine reine amorphe Phase analysiert. Die Spinellphasen Magnetit, Frankletit und Hematit waren nicht als Reflex sichtbar. Erst bei einer Temperung der Schicht von +800 °C konnte eine Kristallphase mittels Röntgenbeugung visualisiert werden. Es wurde eine Hematitphase analysiert. Die Schicht wies somit kristallitische Phasen auf. Dies ist in Abb. 3.28 zu sehen.

3.13 RF-Analyse bis 20.000 MHz

Die RF-Analysen wurden in einem Koaxleiter bis 3,8 GHz und im Hohlleiter bis 20 GHz realisiert.

Im Koaxialleiter wurde als Absorption die Reflektionsdämpfung an einem Metallabschluss gemessen. Im Hohlleiter wird die Absorbtion durch die Transmissionsdämpfung des E-Feldvektors durch die nicht elektrisch leitfähige Schicht bestimmt. Es ist somit eine hohe Absorption der dünnen Magnetschicht bei 20 GHz mit 5 dB zu konstatieren (Tab. 3.4 und Abb. 3.29).

Damit kann eine Nanoschicht Absorptionsdämpfungen eines Volumenabsorbers der mittleren Güte erreichen.

3.14 Verhältnis der Granülengröße zur Schichtdicke einer Fe-Nanoschicht

Die magnetischen Verluste, welche nach dem phänomenologischen Modell von Landau und Lifschitz betrachtet werden, können unter Nutzung der mikroskopischen und makroskopischen Werkstoffeigenschaften entwickelt werden. Jedoch beziehen sich diese Betrachtungen auf kristalline Schichten und nicht auf reale granulare Strukturen. Granulare Strukturen sollen eine höhere Absorption der elektromagnetischen Energie realisieren können als kristalline Schichten.

Ziel dieser Aufgabe ist es, ein Simulationsmodell unter Nutzung realer 1D-granularer Schichteigenschaften aufzubauen und einen Designhinweis zur Entwicklung einer Schicht hin zu höheren Absorptionen aufzuzeigen.

Die erhöhte Absorption der granularen Nanomaterialien soll in EMV-Anwendungen für Leitungen und Schichten für Entstörfolien eingesetzt werden. Eine RF-Materialanalyse, eine AFM-Schichtanalyse und eine EMV-Analyse schließen den Kreis zum Materialdesign und EMV zur Industrieanwendung als Absorbermaterial bzw. Entstörmaterial.

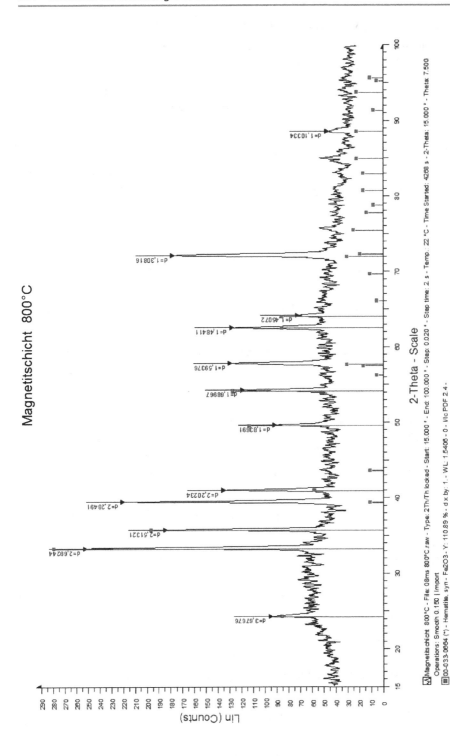

Abb. 3.28 Röntgendiffraktometriediagramm einer bei 800 °C getemperten Ferritschicht (Hematit) mit einer Schichtdicke von 20 nm

Tab. 3.4 Die allgemeinen Absorptionsdaten der Schicht

Frequenz f in MHz	1000	2000	5000	10.000	15.000	18.000
Absorption α in dB	0,2	0,6	2	3	4	5

Abb. 3.29 Transmissionsdämpfung im Hohlleiter
gemessen bis 18 GHz, Probe:
Hematit mit einer Schichtdicke
von 20 nm, maximale Absorption $\alpha = 5$ dB

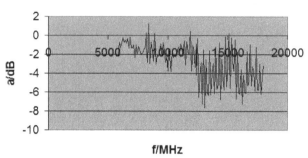

Frage Wie sollte das Verhältnis der Granülengröße zur Schichtdicke sein, um einen hohen komplexen Magnetisierungsverlust zu bewirken?

Lösung Der dynamische Ansatz wird in einem 1. Modellierungsschritt mit einer unendlich ausgebreiteten kristallinen Schicht betrachtet, welche mittels des Landau-Lifschitz-Ansatzes beschrieben wird. In einem 2. Modellierungsschritt werden reale Schichtstrukturen der Form 1D-granularen Bereichen in das Gesamtmodell einbezogen. Es wird das Verhältnis der Größe der granularen Bereiche zur Schichtdicke unter Nutzung der dynamischen Verhältnisse der Magnetschicht betrachtet.

Wenn man von unendlich ausgebreitetem Material ausgeht, dann können die Entmagnetisierungsfaktoren vernachlässigt werden.

Für anisotrope magnetische Materialien gilt:

$$\vec{B} = \overset{\leftrightarrow}{\mu}_{\mathrm{r}}\vec{H} \tag{3.13}$$

$\vec{B}$ magnetische Induktion
$\vec{H}$ magnetische Feldstärke
$\overset{\leftarrow}{\mu}$ Permeabilität
$\overset{\leftrightarrow}{\mu}$ Tensor der Permeabilität.

Im Gegensatz dazu gilt für isotrope magnetische Materialien:

$$\mu = \mu' - \mathrm{j}\mu'' \tag{3.14}$$

Für anisotrope Ferrite ist die Richtungsabhängigkeit der magnetischen Eigenschaften zu berücksichtigen. μ ist im allgemeinen Fall ein symmetrischer Tensor 2. Stufe:

$$\overset{\leftrightarrow}{\mu} = \begin{Vmatrix} \mu_{11} & \mu_{12} & \mu_{13} \\ \mu_{21} & \mu_{22} & \mu_{23} \\ \mu_{31} & \mu_{32} & \mu_{33} \end{Vmatrix} \tag{3.15}$$

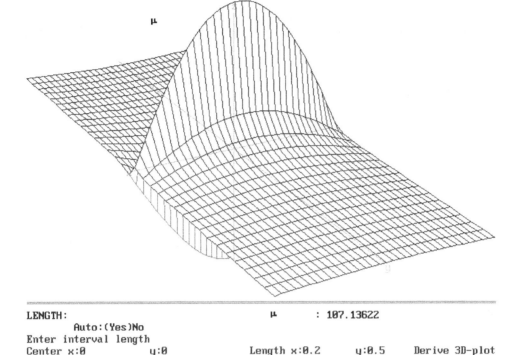

LENGTH: μ   : 107.13622
            Auto:(Yes)No
Enter interval length
Center x:0   y:0   Length x:0.2   y:0.5   Derive 3D-plot

Abb. 3.30 Darstellung des komplexen HF-Verlustes der Permeabilität einer granularen isotropen magnetischen Schicht für ein Verhältnis Granülengröße/Schichtdicke von 1/2000, maximaler Simulationverlust $\mu = 107{,}13622$

Untersucht man jetzt Ummagnetisierungsvorgänge bei hohen Frequenzen [7], so muss in erster Linie die Ferromagnetische Resonanz [8] berücksichtigt werden. Grundlage für die mathematische Beschreibung dieser Erscheinung bildet die Landau-Lifschitz-Gl. 2.8. Es wird von Bedingungen ausgegangen, die eher der Natürlichen Ferromagnetischen Resonanz NFMR entsprechen als der Ferromagnetischen Resonanz FMR.

Zur Kontrolle der Anwendung des Modells der NFMR wurde ein Versuch durchgeführt. Das Ferritmaterial wurde mittels einer Spule mit einem Strom im Ampere-Bereich betrieben. Für die Absorption ergab sich keine Änderung, als die Spule nicht mit Strom versorgt wurde. Das entstehende statische Magnetfeld H_0 war sehr klein, dass nicht von der FMR gesprochen werden kann. Es ergab keinen merkbaren Unterschied im HF-Verhalten, wenn man eine Spule mit dem aufgezeigten Strombereich und einer Fläche von $4\,cm^2$ verglich.

Interessant sind neben den dynamischen und zeitlichen Verhältnissen die örtlichen Bedingungen für eine hohe Absorption in granularen Filmen.

Nach Demokritov [21, 22] werden mit der Rado-Wertmann-Randbedingungen folgende granularen Verhältnisse beschrieben.

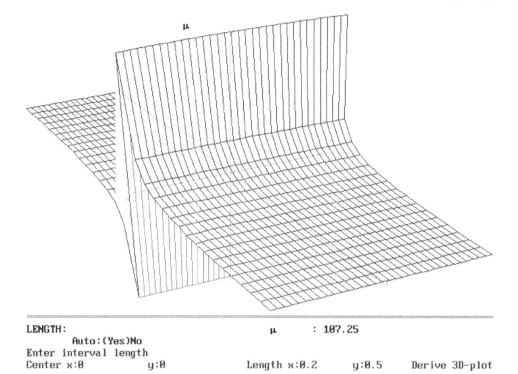

LENGTH: μ   : 107.25
        Auto:(Yes)No
Enter interval length
Center x:0   y:0   Length x:0.2   y:0.5   Derive 3D-plot

Abb. 3.31 Darstellung des komplexen HF-Verlustes der Permeabilität einer granularen isotropen magnetischen Schicht für ein Verhältnis Granülengröße/Schichtdicke von 2/1, maximaler Simulationsverlust $\mu = 107{,}25$

Eine Granüle ist ein kristallitisches Korn einer speziellen Phase in einer amorphen Umgebung. In Abb. 3.30 und in der Modellierungsphase 2 wird eine 1D-Granülenstruktur beschrieben.

Nach Rado-Wertmann kann man unter Bezug auf Abb. 3.30 und der Nutzung von stehenden Spinwellen auf einer Schichtoberfläche mit speziellen geometrischen Maßen die Randbedingung für die dynamische Magnetisierung aufstellen:

Der Gesamtverlust $\mu''(y, f)$ wird nun mit einem Produktansatz entwickelt.

$$\vec{M} = \hat{M} e^{j(y\omega t)} \cdot e^{-jd\,\frac{1+\ln(w/d)}{2\pi}} \tag{3.16}$$

Schichtdesign Setzt man die Gl. 3.16 in das Landau-Lifschitz-System mit Dämpfungsansatz in Gl. 3.1 ein, so erhält man orts- und frequenzvariable Permeabilitätstensorkomponenten, die den HF-Verlust der Granülen darstellen. Interessant für das Schichtdesign ist die Frage nach dem Verhältnis w/d.

Oder anders gefragt Ist es im Sinne einer höheren Absorption wichtiger, die Größe der Granülen im 1D-Fall w gegenüber der Schichtdicke zu maximieren oder umgekehrt?

100nm   EHT = 10.00 kV   Signal A = InLens   Signal B = InLens   Signal = 1.000 Date :19 Sep 2006
            WD = 7 mm   File Name - refoil_02.tif
                             User Text -   Mag = 293.21 K X   IOM

Abb. 3.32 REM-Bild einer Rechteckfolie, Schichtdicke 1,2 µm, Granülengröße maximal 50 nm, Hematitschicht auf Aluminiumsubstrat. (Quelle: IOM Leipzig)

In diesem Kapitel soll das Simulationsergebnis dargestellt werden, das gleichzeitig als Schichtdesignhinweis gelten soll.

In Abb. 3.30 ist der komplexe Permeabilitätsverlust für ein Verhältnis $w/d = 1/2000$ zu sehen.

Ein anderes Verhältnis w/d ist in Abb. 3.31 zu sehen.

Aus dem Vergleich der Simulationsergebnisse in den Abb. 3.30 und 3.31 ergeben sich folgende theoretische Aussagen. Es ist ein hoher Absorptionsverlust mit dem Verhältnis 1D-Granülengröße/Schichtdicke > 1 zu rechnen. Die Größe der Verlusterhöhung durch die Anpassung der Verhältnisse an die Schichtdesignregel ist klein.

Als Schichtdesignregel kann das theoretische Ergebnis gelten und soll eine Richtung für die praktische Schichtabscheidung und RF Materialanalyse sein.

Antwort Um eine erhöhte HF-Absorption zu erreichen, sollte die Granülengröße einer granularen magnetischen Fe Schicht mindesten zweimal größer sein als die Schichtdicke.

In den Abb. 3.32 und 3.33 sind die rasterelektronenmikroskopischen Abbildungen zu sehen. Diese wurden mit einem REM vom Typ ULTRA 55 (Fa. Carl Zeiss Oberkochen) angefertigt. Auf den folgenden Bildern ist zu sehen, dass die granularen Bereiche, deren kleinste Abmessungen bei etwa 10 nm lateraler Ausdehnung gefunden werden, die

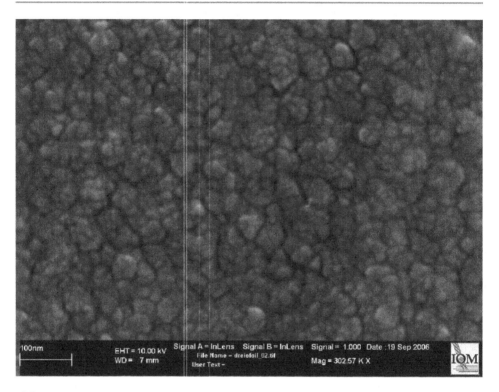

Abb. 3.33 REM-Bild einer Dreieckfolie, Schichtdicke 0,9 μm, Granülengröße maximal 40 nm, Hematitschicht auf Aluminiumsubstrat. (Quelle: IOM Leipzig)

Arbeitsblatt

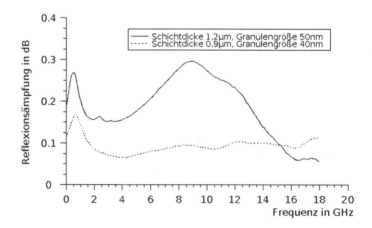

Abb. 3.34 Reflektionsdämpfung der Nanoschichten. (Quelle: Messung FH Telekom Leipzig)

Tendenz haben, mit fortschreitendem Schichtwachstum zusammenzuwachsen und somit größere Granülen zu bilden.

Zur messtechnischen Bewertung der Nanoschicht wurde deren Reflektionsdämpfung ermittelt. Dabei wurde jeweils eine Probe mit 1,2 µm und eine Probe mit 0,9 µm Schichtdicke in einer PC7-Messzelle vermessen.

In Abb. 3.34 ist der Reflektionsdämpfungsverlauf der betrachteten Nanoschichten ersichtlich.

Die in Abb. 3.34 dargestellte Grafik der Abhängigkeit der Absorption von der Granülengröße zeigt die tendenziell richtige theoretische Vorüberlegung der Materialdesignthese.

Weitere Messungen, die eine experimentell andere und bessere Aussage als die Reflektionsdämpfung bietet, werden zurzeit realisiert.

3.15 Mehrfachschichtsysteme

Bei den zu untersuchenden Materialien handelt es sich um eine Spezialbeschichtung Magnetit Nano in verschiedenen Schichtdicken (Multilayerschicht = 8-fache Schicht) (Abb. 3.35).

Reflektionsdämpfung 2000...3800 MHz: Mit **3,5 dB** Dämpfung beginnt in diesem Frequenzbereich der Spinwellenverlust zu wirken (Abb. 3.36).

Transmissionsdämpfung 5,85...8,2 GHz: Es konnte eine sehr gute Dämpfung von **7 dB** ab 5 GHz gemessen werden. Ursache ist wahrscheinlich der hohe Streuverlust in den 8 Lagen und den Grenzflächen zu den leitfähigen Schichten (Abb. 3.37).

3.16 Kittelfrequenz

Eine ferromagnetische Schicht mit einer Sättigungsmagnetisierung von 2 T sei gegeben. Sie besitzt eine Schichtdicke von 120 µm, eine Anisotropiefeldstärke von 0,05 T und einen spezifischen Widerstand von 0,250 Ω m.

Welche Resonanzfrequenz besitzt die EMV-Schicht? Kann die Schicht als EMV-unterstützende Schicht bei Störfrequenzen von 4 GHz genutzt werden?

Die Resonanzfrequenzformel nach Kittel lautet:

$$f_{\mathrm{r}} = \frac{\gamma \sqrt{M_0 H_{\mathrm{A}}}}{2\pi}$$

$$f_{\mathrm{r}} = \frac{1{,}76 \cdot 10^{11}\,\mathrm{Hz/T}\,\sqrt{2 \cdot 0{,}05 \cdot \mathrm{T}^2}}{2\pi}$$

$$f_{\mathrm{r}} = 8{,}8\,\mathrm{GHz}$$

Die Resonanzfrequenz der Schicht beträgt 8,8 GHz und sie kann bei Störfrequenzen bis 4 GHz genutzt werden.

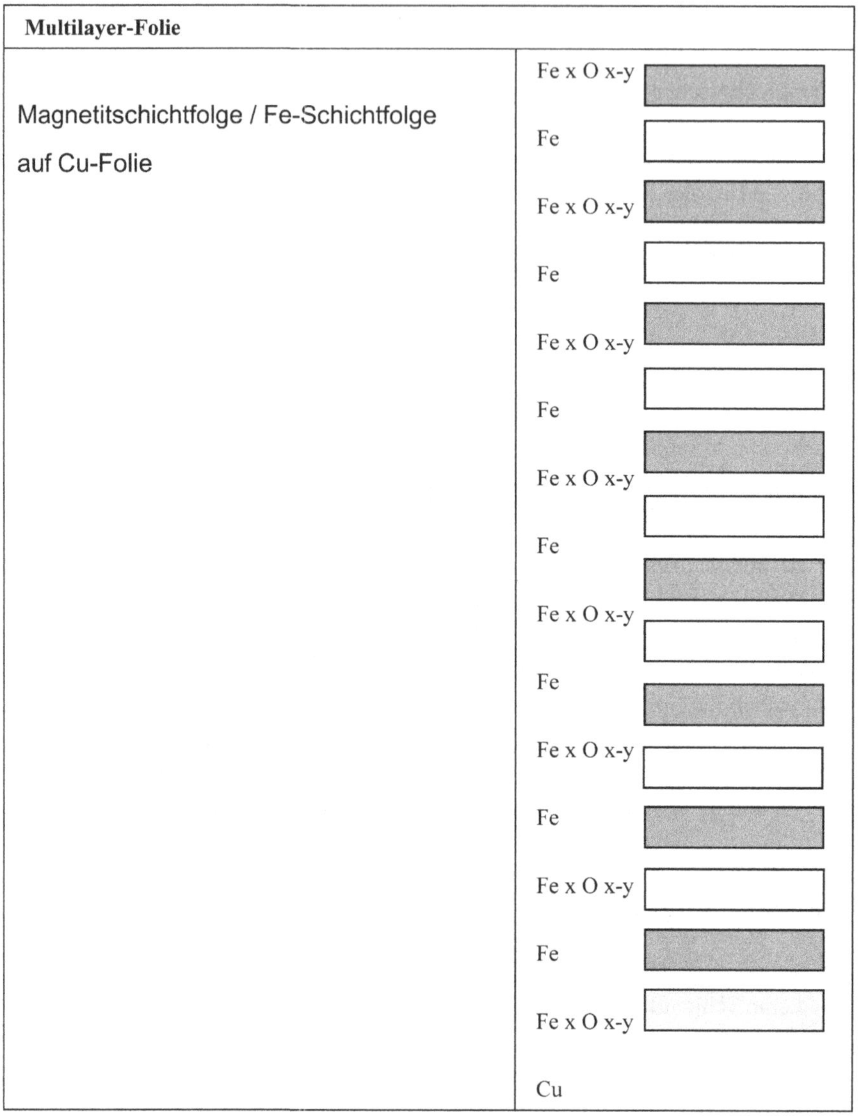

Multilayer-Folie	
Magnetitschichtfolge / Fe-Schichtfolge auf Cu-Folie	Fe x O x-y Fe Fe x O x-y Fe Fe x O x-y Fe Fe x O x-y Fe Fe x O x-y Fe Fe x O x-y Fe Fe x O x-y Fe Fe x O x-y Cu

Abb. 3.35 Aufbau einer Multilayerschicht

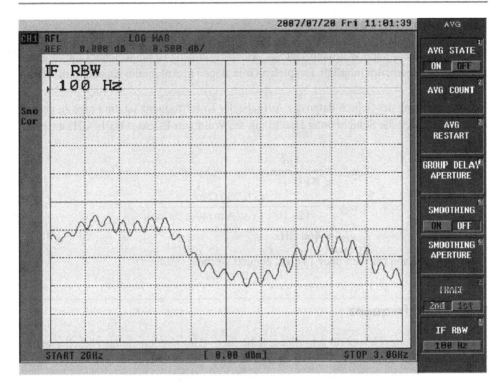

Abb. 3.36 Reflektionsdämpfung einer Multilayerfolie im Frequenzbereich 2 bis 3,8 GHz

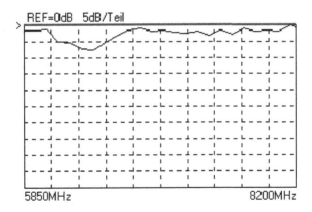

Abb. 3.37 Transmissionsdämpfung einer Multilayerfolie im Frequenzbereich 2 bis 3,8 GHz

3.17   Wolmannfrequenz

Die Grenzfrequenz nach Wolmann sagt aus, welche Frequenz ist bei welcher Leitfähigkeit
einer Schicht überhaupt möglich. Es spielen Grundlagen in Anlehnung an den Skin-Effekt
eine Rolle.

Unter Nutzung der Schichtdaten der Aufgabe der Kittelfrequenz ist die Frage zu beantworten, inwieweit die Schicht unter Beachtung des Wolmann-Effektes bis 14 GHz arbeiten
kann.

$$f_{g,\text{Wirb}} = \frac{4\rho}{\pi\mu_0\mu_a d^2}$$

$$f_{g,\text{Wirb}} = \frac{4 \cdot 0{,}250\,\Omega\,\text{m}}{\pi 12 \cdot 10^{-7}(\text{V s}/\text{A m})40(120\,\mu\text{m})^2}$$

$$f_{g,\text{Wirb}} = 460\,\text{GHz}$$

Diese Schicht kann bis weit über 14 GHz genutzt werden.

3.18   Snoekfrequenz

Die Snoekfrequenz (Gesetz für sehr dünne Schichten – Entmagnetisierung) beschreibt die
oberste Resonanzfrequenz.

Für sehr dünne Schichten gilt nach Rozanov/Walser 1998:

$$(\mu_s - 1)f_r^2 = (\gamma 4\pi M_0)^2 \left(1 - \frac{3N_z}{4\pi} + \frac{2H_a}{4\pi M_0}\right) \tag{3.17}$$

$$\mu_s = 1 + 4\pi M_0/H_a$$

$$d \ll L: N_z \approx \pi d/L$$

d Schichtdicke
L Länge des Films
μ_s statische Permeabilität.

Welche obere Resonanzfrequenz gilt nach Snoek für eine Magnetschicht der Anisotropiefeldstärke von 1 T und einer Sättigungsmagnetisierung von 0,1 T? Die Schichtdicke
betrage 50 µm und die Länge L betrage 3 mm.

$$(\mu_s - 1)f_r^2 = (\gamma 4\pi M_0)^2 \left(1 - \frac{3N_z}{4\pi} + \frac{2H_a}{4\pi M_0}\right)$$

$$f_r = \sqrt{\frac{(\gamma 4\pi M_0)^2\left(1 - \frac{3N_z}{4\pi} + \frac{2H_a}{4\pi M_0}\right)}{(\mu_s - 1)}}$$

$$f_r \approx 310\,\text{GHz}$$

Nach Snoek gilt für die gegebene Magnetschicht mit den magnetischen Daten und den
Schichtgeometrien die obere Resonanzfrequenz von rund 310 GHz.

3.19 Radareffekte

Radareffekte und Streuung von Mikrowellenstrahlung in dünnen Schichten Welchen Einfluss hat die Kristallitgröße im nm-Bereich, wenn eine Radarstrahlung im Frequenzbereich von 10 GHz auf ein Magnetitkristall auftrifft?

Bei Radarmaterialien beginnend im X- bzw. K_u-Band (neue Bezeichnung H-, I-, J-Band) sind weitere Effekte zu beachten. Zu den bisher diskutierten EMV-Effekten sind die Radareffekte der linearen und nichtlinearen Extinktion integral zu betrachten.

Extinktion ist wie folgt zu erklären:

Extinktion (Dämpfung der Radarstrahlung)

= Streuung + Absorption (dielektrische, magnetische kaum betrachtet)

Totaler Extinktionsquerschnitt $\sigma_e = \sigma_s + \sigma_a$

$$\sigma_a = \frac{\omega}{c} \int_V \varepsilon'' \left| \frac{H}{H_e} \right| dV$$

in Analogie wird σ_a – geometrischer Querschnitt durch magnetische Feldeffekte betrachtet:

$$\sigma_a = \frac{\omega}{c} \int_V \mu'' \left| \frac{H}{H_e} \right| dV$$

σ_e Streuquerschnitt
σ_a geometrischer Querschnitt
Ω Oberfläche.

Nanokristallite auf Glassubstrat (Kristallitgrößenverteilung nach Marshall-Pallmer wird vernachlässigt) seien betrachtet. Der Radareffekt sei bei $f = 10$ GHz mit der Ralaystreuung beschrieben.

$\mu_r' = 30$ (statisch), $\mu_r'' = 3$. Die Magnetitkristallite seien vereinfacht als Materialien (μ-Verteilung in Kugel homogen und isotrop) in Kugelform angenommen. Durchmesser $d = 20$ nm.

Welche Leistung wird theoretisch am Empfänger zu messen sein, wenn die Sendeleistung 10 dBm, die Entfernungen von Sender zum Material 1 km und Material zum Empfänger 0,5 km und die Antennengewinne als Verhältnisse von je 0,1 betragen?

$$K = \frac{\varepsilon - 1}{\varepsilon + 2}$$

und

$$\sigma_a = \frac{9 \, kV \, \mu''}{|\mu + 2|^2}$$

Die Streuquerschnitte und Leistungen werden berechnet:

$$P_2 = P_1 \frac{\lambda^2}{(16\pi)^2 R^4} G_1 \sigma$$

$$\sigma_e = 3{,}08 \cdot 10^{-23}\, \text{m}^2$$

$$P_2 = 21 \cdot 10^{-37}\, \text{dBm}$$

bei einer Sendeleistung $P_1 = 10\,\text{dBm}$.

Die Extinktion der ausgesendeten Leistung am und im Radarmaterial beträgt rund $0\,\text{dBm}$. Es kann also geschlussfolgert werden, dass die Radarstreueffekte bei 10 GHz mit einer Kristallitgröße von 20 nm Kugelform keinen Streuverlust bewirken.

3.20   Magnetische Nanopartikel

Ziel der Arbeit ist es, durch Herstellung eines Verbundes aus eingelagerten Nanoferritpulvern in textilen Werkstoffen neue Materialien zur wesentlichen Verbesserung der elektromagnetischen Verträglichkeit (EMV) zu entwickeln [44].

Stand der Technik schirmender Materialien sind vor allem reflektierende Oberflächen, die in vielen Anwendungen zu keiner ausreichenden Eliminierung elektromagnetischer Felder führen und/oder sogar deren Wirkung verstärken. Durch die Kombination von Nanopulvern mit einem oder mehreren geeigneten ferroelektrischen Materialien in einer Polymermatrix in der Faser oder in einer Beschichtung sind durch zusätzliche Absorptionsmechanismen Synergieeffekte der beiden Werkstoffgruppen zu erwarten. Neben der Zusammensetzung des Ferroelektrikums ist die Abhängigkeit der Schirmdämpfung und der dielektrischen/magnetischen Verluste von Einflussgrößen wie Korngröße, Größe der ferroelektrischen Domänen, Texturen, Curietemperaturen zu untersuchen.

Vorhandene Arbeiten [4] zeigen, dass eine Pulverform der Nanopartikel gegenüber agglomerierten Pulvern eine größere Linienbreite der FMR aufweist. Dieser Fakt lässt vermuten, dass die Nanopartikel in Pulverform bessere Spin-Spin-Kopplung der Nanoteilchen inklusive eines HF-Verlustes aufweist als räumlich konzentrierte und stärker getrennte Teilchen.

Nogues und Sort [6] zeigen in ihren experimentellen und theoretischen Arbeiten die nicht eindeutige Wirkung von Nanopartikeln in Bezug auf die magnetische Wirkung.

Es wird vermutet, dass auf Grund der Oberflächenrauigkeit, hoher Fehlstellen und einer hohen Oberflächenanisotropie eine große FMR Linienbreite (Maß für Absorption) auftritt, jedoch es zu einem „willkürlichen" Umschlagen des ferrimagnetischen Zustandes zu einem antiferromagnetischen Zustand kommen kann.

Ebenso ist unterhalb einer kritischen Teilchendicke der Superparamagnetismus zu verzeichnen. Dieser lässt keine große magnetische Wirkung dann vermuten. Demnach ist

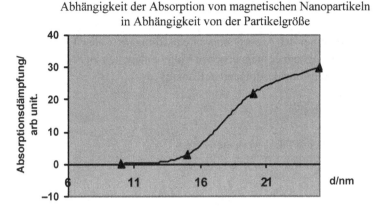

Abb. 3.38 Nach Nogues und Sort [6] vermutete Abhängigkeit des Absorptionsverlustes in Abhängigkeit von der Partikelgröße magnetischer Nanopartikel, kritischer Partikeldurchmesser 15 nm. (Quelle: [6])

auch die Absorptionswirkung bei einer kleineren Teilchengröße magnetischer Nanopartikel ab einem Teilchendurchmesser < 10 nm gegen null abzuschätzen. Diese Vermutung ist in Abb. 3.38 zu sehen.

Nach Sobon und Lipinski [7] ist die Agglomeration bei Nanopartikeln hinsichtlich des FMR-Verluster wichtig. Eine hohe Agglomeration bei CoO-Nanopartikeln ergibt eine höhere Linienbreite der FMR-Kurve und damit einen erhöhten Verlust. Somit ist die Agglomeratbildung bei Nanopartikeln eine wichtige Größe und sollte über die Morphologieanalyse gesteuert werden. Eine höhere Agglomeration laut Sobon [7] ergibt eine höhere Verlustkurve.

Es gibt zwei prinzipielle Wege zur Erzeugung von textilen Werkstoffen mit elektromagnetisch absorbierenden Eigenschaften:

• Materialverbund auf der Ebene des Spinnfadens – Erarbeitung der grundlegenden Möglichkeiten der Inkorporation absorbierender Nanopulver in die marktrelevanten Spinnpolymere bei Erhaltung der für einen problemlosen Fadenbildungsprozess essentiellen rheologischen Polymereigenschaften.
• Einarbeitung der absorbierenden Nanopulver in Ausrüstungs- und Beschichtungssysteme für die Oberflächenbehandlung von textilen Flächen.

Gemäß den Anwendungsfeldern der textilen Werkstoffe müssen die dort geforderten Eigenschaften erfüllt werden. Dies betrifft neben den gewünschten absorbierenden Eigenschaften insbesondere die Festigkeit, Elastizität, Waschbeständigkeit, Toxikologie, Farbe.

3.20.1 Theoretische Betrachtungen

Es sind neue Effekte bei der Absorption von elektromagnetischer Energie von magnetischen Nanoteilchen gegenüber magnetischen Volumenteilchen zu erwarten.

Dies betrifft die Wirkung der folgenden Effekte:

1. Oberflächenanisotropie
2. Korngröße
3. Eindomänen-Stoner-Wolfart-Verhalten
4. Superparamagnetismus.

Gubotti [2] hat die Betrachtung der Spinwave-Moden von quadratischen Dots sehr ausführlich betrachtet. Er ist besonders auf das Verhältnis des Durchmessers der Dots zur Schichtdicke in Bezug auf die Frequenzen der Spinwave-Moden eingegangen. Dies kann als Anhaltspunkt dafür dienen, wie eine Variierung der Teilchengröße von Nanopartikeln einen Einfluss auf die Frequenz der absorbierten Spinwave-Moden wirkt.

Gubotti [2] geht von folgender analytischen Form der Spinwave-Frequenzen aus:

$$\omega_{mn}^2 = (\omega_{\mathrm{H}}^{mn} + \alpha\omega_{\mathrm{M}}k_{mn}^2) \cdot [\omega_{\mathrm{H}}^{mn} + \alpha\omega_{\mathrm{M}}k_{mn}^2 + \omega_{\mathrm{M}}F(k_{mn})] \qquad (3.18)$$

ω_{mn} Spinwellen-Frequenz
ω_{M} Eigenfrequenz des magnetierten Materials
ω_{H}^{mn} Eigenfrequenz des unmagnetisierten Materials
α Dämpfungskonstante
k_{mn} Spinwellen-Nummer
F fundamentale Mode (ganzzahlige Zahl).

$$k_{my} = (m + 1)\pi/w_{\mathrm{eff}} \qquad (3.19)$$
$$w_{\mathrm{eff}} = w(d/(d - 2)) \qquad (3.20)$$

w Breite eines Partikels
d Pinning-Parameter, nur vom Verhältnis L/w abhängig
L Dicke der Schicht.

Nutzt man nun die Formeln und stellt die Abhängigkeit des Frequenzverhaltens von der Partikelgröße dar, so kann man das in Abb. 3.39 dargestellte theoretische Verhalten konstatieren.

Weiterhin soll die Entmagnetisierung und der Zusammenhang zur Resonanzfrequenz diskutiert werden.

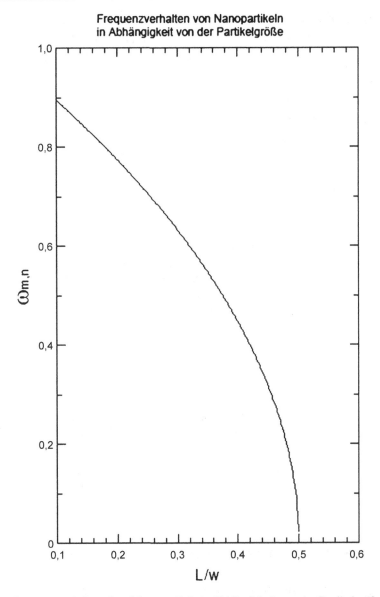

Abb. 3.39 Frequenzverhalten eines Nanopartikels in Abhängigkeit von der Partikelgröße. (Quelle: nach Gubotti [2])

Tab. 3.5 Resonanzfrequenz-verhalten von Nanoschicht zu Nanopartikel	Richtung	Resonanzfrequenzverhalten
	x	$f_\text{r\,Nanopartikel} < f_\text{r\,Nanoschicht}$
	y	$f_\text{r\,Nanopartikel} < f_\text{r\,Nanoschicht}$
	z	$f_\text{r\,Nanopartikel} > f_\text{r\,Nanoschicht}$

Nach Stoner und Wohlfahrt:

$$f_\text{r} = \left(\sqrt{M_0 H_\text{A} - N M_0} \right) / (2\pi) \tag{3.21}$$

N Entmagnetisierungsfaktoren

Kugel (Nanopartikel): $N_x = N_y = N_z = 0{,}333$

Schicht (Nanoschicht): $N_x = N_y = 0,\ N_z = 1$

Aus den speziellen Entmagnetisierungsfaktoren und dem Einsetzen in Gleichung kommen wir in folgende richtungsabhängige Verhaltensweise der Resonanzfrequenz des Nanopartikels und der Nanoschicht (Tab. 3.5).

Die Betrachtungen zeigen nun folgende These auf, deren Validierung für die EMV untersucht wird.

Thesen Umso kleiner das Nanopartikel von der Breite w des Partikels her ist, umso höher ist die Resonanzfrequenz.

Nanopartikel in weitgehender Pulverform besitzen einen höheren Absorptionsverlust als Nanopartikel in agglomerierter Form (siehe [3, 4], Linienbreite FMR von Nanopulver) in einem Textil.

Unterhalb eines kritischen Partikeldurchmessers ist der messbare Absorptionseffekt null [5]. Die Resonanzfrequenz eines Nanopartikels ist nur in z-Richtung größer als die Resonanzfrequenz einer Nanoschicht.

3.20.2 Experimentelle Betrachtungen

Mikroskopische Untersuchungen Nanopulver sind spezielle Pulver mit Korngrößen unter 1 µm. In Abb. 3.40 wird die Morphologie eines Nanopulvermaterials deutlich. Mittels TEM (Transmission Elektronen Mikroskopie) wurde die Oberflächengestalt von magnetischen Nanopulvern analysiert.

Korngrößenverteilung ist deutlich im Bereich unter 50 nm zu sehen. Ebenso kann man eine deutliche inhomogene Verteilung der Partikel erkennen.

3 TRANSMISSION ELECTRON MICROSCOPY

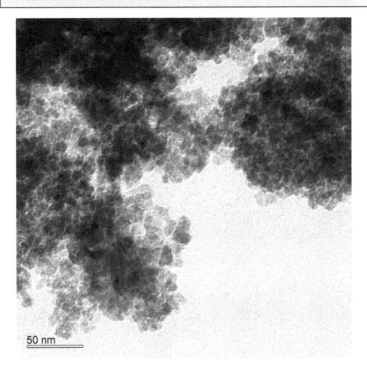

50 nm

Abb. 3.40 Die TEM-Analyse von magnetischen Nanopartikeln Ferrit, Maßstab 50 nm. (Quelle: IOLITEC GmbH, http://www.iolitec.de)

Schirmung mittels Nanomaterialien

4

Bei Radarmaterialien beginnend im X- bzw. Ku-Band (neue Bezeichnung H-, I-, J-Band) sind weitere Effekte zu beachten. Zu den bisher diskutierten EMV-Effekten sind die Radareffekte der linearen und nichtlinearen Extinktion integral zu betrachten.

Extinktion ist wie folgt zu erklären:

▶ Extinktion (Dämpfung der Radarstrahlung) = Streuung + Absorption (dielektrische, magnetische kaum betrachtet)

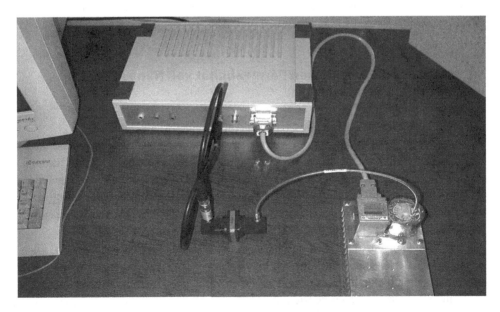

Abb. 4.1 Hohlleitermessplatz 5,85 ... 20 GHz Schirmdämmung

© Springer Fachmedien Wiesbaden 2016

F. Gräbner, *EMV-gerechte Schirmung*, DOI 10.1007/978-3-658-10723-9_4

Abb. 4.2 7/16 mm Koaxialmesszelle 40 MHz . . . 3,8 GHz Transmission/Reflektion

Während der Materialentwicklung ist es notwendig, mittels der verschiedenen vorhandenen Messplätze möglichst viele Parameter an den Probenserien zu bestimmen, um eine umfassende Beurteilung zu gewährleisten. Dies ist erforderlich, um die Richtung weiterer Versuche und Materialkombinationen zu bestimmen.

Neben der Forderung, die chemisch/physikalischen Eigenschaften der Ausgangsmaterialien möglichst beizubehalten, wird das Erreichen einer Gesamtschirmdämpfung von mindestens 60 dB als realistisch angesehen (vgl. Abb. 4.1 und 4.2).

4.1 Messung der komplexen Permeabilität von Nanoschichten mit einem Permeameter

In Abb. 4.3 erkennen wir den grundsätzlichen Aufbau eines Magnetometers.

Die Struktur oder Form spielt am Anfang der Betrachtung eine untergeordnete Rolle [14]. Die Messzelle besteht aus HF-tauglichen, mit Kupfer beschichteten Leiterbahnmaterialien aus Epoxid, Keramik oder Glas verstärkt mit PTFE. Diese Leiterplatten sollten geringe dielektrische Verluste bei hohen Frequenzen aufweisen. Außerdem benötigt die Messzelle einen Wellenwiderstand von $Z_0 = 50\,\Omega$, da der Netzwerkanalysator ebenfalls mit diesem arbeitet [14].

Dieser Wellenwiderstand wird durch das richtige Verhältnis Leiterbahnbreite/Leiterabstand zur äußeren Kupferabschirmung und der Dielektrizitätskonstante von $\varepsilon_r = 3,38$ oder 2,5 des Leiterbahnmaterials festgelegt. Der so genannte Leiter der Messzelle wird in unserem Fall als Streifenleiter bezeichnet.

Streifenleiter (engl.: Strip line) sind spezielle Leiterplatten, bei denen der Trägerwerkstoff und die Anordnung der Leiterbahnen als elektrisch wirksame Bauelemente (zum

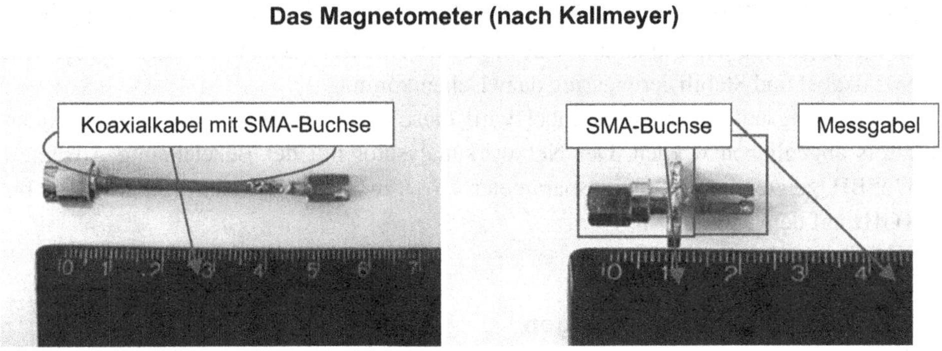

Das Magnetometer (nach Kallmeyer)

Abb. 4.3 Magnetometer mit Koaxkabel bzw. direkt am SMA Adapter

Beispiel Induktivitäten oder Kapazitäten) in die Schaltung einbezogen werden. Deshalb sind die elektrischen Eigenschaften der verwendeten Materialien (zum Beispiel die Permitivitätszahl ε_r des Trägerwerkstoffs) so wie die Abmessungen der Leiterbahn und deren Toleranzen von besonderer Bedeutung. Anwendungen finden die Streifenleiter, wie in unserem Fall, in der Hochfrequenztechnik.

Durch eine festgelegte Leitungsbreite wird eine definierte Induktivität je Längeneinheit dL/dl erzeugt und durch eine definierte Dicke d und eine vorgegebene Permitivitätszahl ε_r wird eine definierte Kapazität je Längeneinheit dC/dl eingestellt.

Abbildung 4.3 zeigt einen typischen Streifenleiter. Die Rückseite der Leiterplatte ist durchgehend metallisiert, weshalb sich der eigentliche Streifenleiter auf der Vorderseite befindet. In unserem Fall ist die Leiterplatte wie oben schon erwähnt mit Kupfer beschichtet. Damit sind auch die Toleranzen für die Parallelverschiebung zwischen Vorder- und Rückseite größer, was Fertigungs- und Prüfkosten spart.

Außer dem einfachen Streifenleiter gibt es noch den Triplate-Streifenleiter. Der Streifenleiter befindet sich hierbei in der Mitte des Dielektrikums, die Ober- und Unterseite der Leiterplatte sind durchgängig metallisiert und liegen an Masse. Solch einen Streifenleiter hat auch die Messgabel.

Da das elektrische Feld nach beiden Seiten wirkt, kann die Streifenleitung schmaler sein. Das elektrische Feld zwischen Innen- und Außenleiter verläuft nur im Dielektrikum und ist symmetrisch. Deshalb ist ein Triplate-Streifenleiter einfacher zu berechnen als ein Streifenleiter mit einseitigem Dielektrikum und Masse, bei dem das elektrische Feld teilweise im Dielektrikum und teilweise in der Luft verläuft.

Des Weiteren besteht die Messzelle aus einem Koaxialkabel mit SMA-Buchse oder nur einer SMA-Buchse, die man an die eigentliche Messgabel anlöten muss.

Der Übergang von Koaxial- zu Streifenleitung muss dabei sehr sorgfältig und genau gelötet werden, da sonst zu viele Resonanzen an der Stelle auftreten.

Zwischen Koaxialleitung und Permeameter-Messzelle sollte ein Stabilisierungsring aus Kupfer kommen, der durch Verlötung eine feste Verbindung zwischen der Masse der

Koaxialleitung (Koax-Außenabschirmung) und Masse der Spule (Kupferabschirmung) bildet. Das gleiche kann man auch mit der SMA-Buchse machen, nur dass hierbei kein Koaxialkabel und Stabilisierungsring dazwischen kommt.

Nach Fertigstellung der Messgabel wird diese noch mit Hilfe eines Netzwerkanalysators abgeglichen werden. Der Netzwerkanalysator mit der Bezeichnung Advantest R3765BH zeigte die Reflektionsparameter (S_{11}) in einem Bereich von 40 MHz bis 3,8 GHz auf dem Monitor an.

4.1.1 Permeabilitätsmessungen

Eine magnetische Nanoprobe wurde in die Gabel eingelegt. Zum reproduzierbaren Messen wurde über das Smith-Diagramm die magnetische Wirkung und die Anpassung an 50 Ω kontrolliert. Die Streifenleitung wurde mittels eines Mikrowellen-CAD-Programms abgeglichen (vgl. Abb. 4.4 und 4.5).

Abb. 4.4 Endgültiges Aussehen des Permeameters

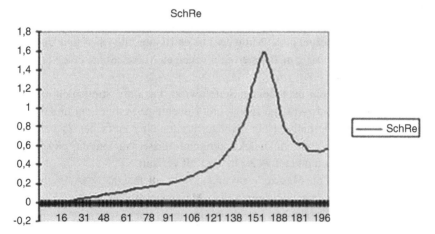

Abb. 4.5 Messung der komplexen Permeabilität nach Dr. Seemann. (Quelle: Forschungszentrum Karlsruhe)

Die Messanordnung in Abb. 5.1 hat eine Gesamtdynamik von 50 dB. Diese hohe Empfindlichkeit wurde über zwei Vorverstärker realisiert.

Das Material SPN11 wird zum Vergleich EMISONIX (4 mm dick mit 80 Ma-% Ferrit im Gummi) vermessen (Abb. 5.2). Als Hochabsorbtionsmaterial, das zur Dämpfung (mit hoher Schichtstärke) eingesetzt wird, wird mit der dünnen Fe-Schicht verglichen (Abb. 5.3). Der Vergleich zeigt, dass die Dämpfungen ähnlich hoch sind.

▶ **Schirmregel 1** Mit magnetischen Nanoschichten wie Eisen sind im NF Bereich bis 30 MHz Schirmdämpfungen bis 10 dB realisierbar.

Abb. 5.1 Messverfahren zur Messung der magnetischen Schirmdämpfung nach MIL (150 kHz … 30 MHz)

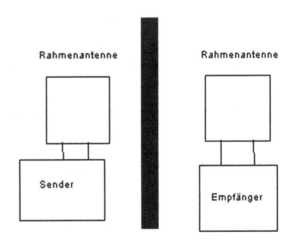

© Springer Fachmedien Wiesbaden 2016
F. Gräbner, *EMV-gerechte Schirmung*, DOI 10.1007/978-3-658-10723-9_5

Abb. 5.2 Magnetische
Schirmdämpfung des Ver-
gleichsmaterials EMISONIX
(4 mm dick)

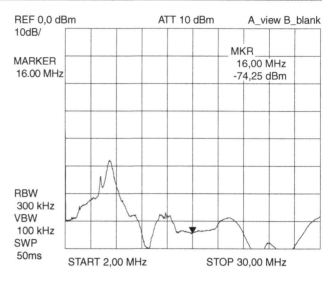

Abb. 5.3 Magnetische
Schirmdämpfung des Nano-
materials 50 nm FE auf 30 μm
PTFE

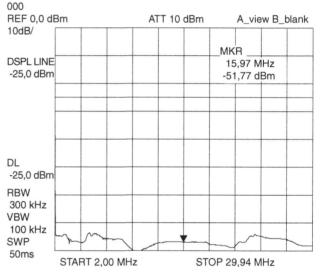

▶ **Schirmregel 2** Mit magnetischen Laminaten wie Eisenoxyd in Kautschuk sind im NF
Bereich bis 30 MHz Schirmdämpfungen bis 25 dB realisierbar.

Die Fe-Schicht zeigt eine magnetische Schirmdämpfung von rund 5 bis 10 dB.

Doppelschirm

6

Man unterscheidet zwischen Nahfeld- und Fernfeldschirmdämpfung. Ebenso unterscheidet sich die Schirmdämpfung nach der Art der Felder: elektrostatische Schirmung, magnetostatische Schirmung, elektrische Wechselfeldschirmung, magnetische Wechselfeldschirmung und elektromagnetische Wellenfelddämpfung [46]. Eine Schirmwand bestehe aus zwei Grenzflächen. An der Grenzfläche 1 (Außenfläche einer Schirmwand) wird das elektromagnetische Wellenfeld reflektiert. Die durch diese Grenzfläche hindurchtretende Strahlung wird zum Teil absorbiert und an der Grenzfläche 2 reflektiert. Der reflektierte Teil der Welle wird nun wieder absorbiert und teilweise an der Grenzfläche 1 reflektiert. Somit tritt nur noch ein Teil der Quellstrahlung in ein zum Beispiel Gehäuseinneres ein und wird weiter reflektiert.

Es sei ein Doppelschirm [12] gegeben. Der Doppelschirm bestehe aus zwei Teilschirmen.

Ist die Dicke d_1 des Innenschirmes eher als die Dicke des Außenschirmes d_2 im Sinne eines erhöhten magnetischen Schirmfaktors zu erhöhen oder sollte primär die Dicke des Außenschirmes erhöht werden?

Bevor auf den Doppelschirm eingegangen wird, sind am Beispiel eines Einfachschirmes einige Begriffe zu erklären.

Aus den maxwellschen Gleichungen lässt sich die Wellengleichung für die H-Feldkomponente für einen vereinfachten Fall darstellen:

Die Gleichungen genügen nun der Bedingung zur Beschreibung des magnetischen Schirmfaktors $S = H_\mathrm{i}/H_\mathrm{a}$.

$$S = \frac{1}{\cosh(kd) + \frac{kA}{\mu_r U} \sinh(kr)} \tag{6.1}$$

Diese komplexe Beschreibung der Herangehensweise an eine Schirmberechnung eines Einfachschirmes ist wichtig für das Verständnis der Berechnung der Mehrfachschirme nach Schwab [14].

F. Gräbner, *EMV-gerechte Schirmung*, DOI 10.1007/978-3-658-10723-9_6

Abb. 6.1 Magnetischer Schirmfaktor eines Doppelschirmes in Abhängigkeit von den Dicken der Teilschirme. *Schwarze Farbe* = niedriger Schirmfaktor, *graue Farbe* = mittlerer Schirmfaktor, *helle Farbe* = hoher Schirmfaktor, d_1 = Dicke Innenschirm, d_2 = Dicke Außenschirm

6.1 Doppelschirm

Nach den vorgestellten Berechnungen und der Darstellung sind Betrachtungen für Mehrfachschirme, speziell für Doppelschirme durchzuführen.

Nach Abb. 6.1 wächst mit der Dicke d_1 der magnetische Schirmfaktor stärker als mit Erhöhung der Dicke d_2. Im Sinne einer hohen magnetischen Abschirmwirkung ist es bei einem Doppelschirm effektiver, die Innenschirmdicke zu erhöhen.

▶ **Schirmregel 3** Mit Doppelschirmungen sind größere Schirmwerte als mit Einfachschirmungen realisierbar.

▶ **Schirmregel 4** Im Sinne einer hohen magnetischen Abschirmwirkung ist es bei einem Doppelschirm effektiver, die Innenschirmdicke zu erhöhen.

Polymergehäuse

7

Durch die Kombination von leitfähigen Polymeren mit einem oder mehreren geeigneten **ferroelektrischen** und **ferromagnetischen** Materialien sind durch zusätzlich Absorptionsmechanismen Synergieeffekte der beiden Werkstoffgruppen zu erwarten. Bei der Wahl des Ferroelektrikums ist zu beachten, dass die größten dielektrischen Verlust in der Nähe der Curietemperatur zu erwarten sind. Daher sind geeignete Mischungen von Ferroelektrika mit unterschiedlichen Curietemperaturen zu untersuchen. Neben der Zusammensetzung des Ferroelektrikums ist die Abhängigkeit der Schirmdämpfung und der dielektrischen Verluste von solchen Einflussgrößen, wie Korngröße, Größe der ferroelektrischen Domänen, Texturen usw. zu untersuchen. Weiterhin sind die Wechselwirkungen zwischen den leitfähigen Partikeln im Polymer und den ferroelektrischen Partikeln hinsichtlich der Absorption hochfrequenter elektromagnetischer Felder aus werkstoffphysikalischer Sicht theoretisch und experimentell zu untersuchen. Die Möglichkeiten weiterer Synergieeffekte durch ferromagnetische Materialien sind in den Arbeiten zu berücksichtigen.

Die rapide Zunahme von elektronischen Bauteilen macht es vor allem in sicherheitsrelevanten Bereichen erforderlich, diese gegen externe Einflüsse durch hochfrequente elektromagnetische Felder abzuschirmen und anderseits zu verhindern, dass die Bauelemente ungehindert elektromagnetische Felder abstrahlen. Neben Metallgehäusen sind auf Grund ihrer werkstofftechnischen Eigenschaften Gehäuse aus den verschiedensten Polymeren in der Elektronik im Einsatz. Kunststoffe zeigen in der Regel eine völlig unzureichende Schirmwirkung. Erst durch eine geeignete Modifikation der Kunststoffe sind deutliche Verbesserungen erreichbar.

Die Modifikation der Kunststoffe durch Zugabe von geeigneten Füllstoffen bzw. durch die Beschichtung mit geeigneten Werkstoffen gestattet eine deutliche Erhöhung der Schirmdämpfung. Die Schirmdämpfung beinhaltet die Dämpfungsverluste Reflektion, multiple Reflektion und Absorption. Die Reflektion wird vor allem durch die elektrische Leitfähigkeit des Werkstoffes bestimmt.

© Springer Fachmedien Wiesbaden 2016
F. Gräbner, *EMV-gerechte Schirmung*, DOI 10.1007/978-3-658-10723-9_7

Die Erhöhung der Leitfähigkeit der Kunststoffe ist einerseits Stand der Technik, andererseits nach wie vor Gegenstand intensiver Forschungen. Stand der Technik ist gegenwärtig

- die Applikation von leitfähigen Lacken auf die Oberfläche der Kunststoffe oder
- die Beschichtung der Kunststoffe mit Metallschichten durch PVD-Verfahren oder Galvanisieren.

Die Erhöhung der Leitfähigkeit von Thermoplasten durch die Zugabe von leitfähigen Füllstoffen ist seit langem bekannt, jedoch nach wie vor Gegenstand intensiver Forschungsarbeiten. Diese Forschungsarbeiten betreffen einerseits die Auswahl der geeigneten Füllstoffe, Fragen der Herabsetzung der Perkolationsschwelle als auch fertigungstechnische Probleme des Spritzgießens, Extrudieren usw. Als geeignete Füllstoffe kommen unter anderem in Betracht [50]:

- Kohlenstoffmodifikationen (Fasern, Pulver, nanokristalline Pulver)
  - Graphit
  - leitfähiger Ruß
  - Anthrazit
  - metallisch beschichteter Graphit
  - Nanotubes
- Metalle (Fasern, Flakes, Pulver, nanokristalline Pulver)
  - rostfreier Stahl
  - Kupfer
  - Aluminium
  - metallisch beschichteter Glimmer
- Halbleiter (Pulver, nanokristalline Pulver)
  - halbleitende Oxide (Zinnoxid usw.).

Mit zunehmender Konzentration der elektrisch leitfähigen Füllstoffe nimmt die Leitfähigkeit des gefüllten Polymers zunächst nur schwach zu. In einem sich anschließenden sehr engen Bereich des Füllgrades, der so genannten Perkolationsschwelle, ändert sich die Leitfähigkeit um viele Zehnerpotenzen.

Diese starke Änderung der Leitfähigkeit ist auf die Ausbildung von Strompfaden durch eine zunehmende Anzahl sich berührender Füllstoffteilchen zurückzuführen. Oberhalb der Perkolationsschwelle ist nur noch eine geringe Änderung der Leitfähigkeit zu beobachten. Diese Effekte werden im Rahmen der so genannten Perkolationstheorie umfassend dargestellt.

Zur Gewährleistung einer ausreichenden Stabilität und Reproduzierbarkeit der Leitfähigkeit werden die praktisch eingesetzten Polymere bisher im überperkolativen Bereich eingestellt. Kalkner und Mitarbeiter [5] untersuchten intensiv die Möglichkeiten, eine stabile und reproduzierbare elektrische Leitfähigkeit im Bereich der Perkolationsschwelle zu realisieren. Der Lösungsansatz zur Erzielung des gewünschten Zieles besteht in einer Verbreiterung der Perkolationsschwelle. Der Schwerpunkt der Arbeit lag dabei aus anwendungstechnischer Sicht bei verschiedenen Mischungen von Rußen und beim Anthrazitkohlenstaub.

Ein völlig neuer Weg zur Herstellung leitfähiger Polymere wurde durch eine Arbeitsgruppe der Huaqiao Universität in China aufgezeigt [6]. Sie stellten einen leitfähigen Polymer/Graphit-Nanoverbundwerkstoff durch eine Intercalationspolymerisation her. Es wird eine elektrische Leitfähigkeit von $10^{-2}\,\mathrm{S/cm}$ bei einem Graphitgehalt von 3 Ma-% erreicht. Bei den klassischen Polymer/Graphitverbunden sind für diese Leitfähigkeit deutlich höhere Graphitkonzentrationen erforderlich.

Untersuchungen zu stahlfasergefüllten Polymeren sind unter anderem Gegenstand der eigenen Arbeit.

Neben den gefüllten elektrisch leitfähigen Polymeren sind die intrinsisch leitfähigen Polymere Gegenstand intensiver Forschung. Neben der Entwicklung neuer intrinsisch leitfähiger Polymere gewinnt auch die Anwendung dieser Polymere im EMV-Bereich zunehmend an Bedeutung. Vertreter dieses Typs von Polymeren sind das Polyacetylen, das Polydiacetylen, Polyparaphenylen, Polypyroll, Polythiophen u. a. Zum gegenwärtigen Zeitpunkt finden diese Polymere wegen der enorm hohen Kosten jedoch noch keinen praktischen Einsatz.

Neben den Dämpfungsverlusten durch Reflektion, bei welchen der elektrischen Leitfähigkeit eine herausragende Rolle zukommt, spielt die Absorption elektro-magnetischer Wellen eine sehr wichtige Rolle.

Bei der Entwicklung abschirmender Werkstoffe wurde diesen Mechanismen zur Erhöhung der Schirmdämpfung bisher jedoch keine ausreichende Aufmerksamkeit gewidmet. Aus werkstoffphysikalischer Sicht spielen zwei Verlustmechanismen eine wesentliche Rolle:

- magnetische Verlustmechanismen
- dielektrische Verlustmechanismen.

Während die magnetischen Verlustmechanismen hinsichtlich der Erhöhung der Schirmdämpfung durch Einsatz ferromagnetischer Pulver als Füllstoff bereits untersucht wurden, fanden Materialien mit hohen dielektrischen Verlusten (zum Beispiel Ferroelektrika) bisher fast keinerlei Beachtung.

Da die ferromagnetischen Pulver als Polymerfüllstoff intensiver Gegenstand eigener Untersuchungen waren, wird auf diese Problematik im nächsten Abschnitt ausführlicher eingegangen. Hinweise auf die Nutzung dielektrischer Verlustmechanismen finden sich lediglich in den Arbeiten von Wenderoth [14]. In diesen Arbeiten geht er darauf ein, dass die Polymere selbst Anlass zu dielektrischen Verlusten geben. Merkliche dielektrische Verluste zeigen allerdings nur polare Polymere, zu welchen auch die intrinsisch leitfähigen Polymere gehören. Die dielektrischen Verluste beruhen auf der Polarisation der Polymere im elektromagnetischen Wechselfeld. Die Polarisation setzt sich aus zwei Anteilen zusammen:

- Verschiebungspolarisation
- Orientierungspolarisation.

Für die dielektrischen Verluste ist insbesondere die Orientierungspolarisation verantwortlich. Über den Einsatz polarer Polymere allein ist jedoch keine ausreichende Schirmdämpfung erreichbar. Daher wurde von Wenderoth vorgeschlagen, dem Polymer als Füllstoff ein Ferroelektrikum zuzusetzen. Zum Einsatz kamen Triglycinsulfat und Semicarbazid-Hydrochlorid. Durch den Zusatz des Ferroelektrikums konnte eine deutliche Steigerung der Schirmdämpfung erzielt werden.

Für den praktischen Einsatz sind diese beiden Ferroelektrika jedoch ungeeignet, da sie sich bei der typischen Temperatur des Spritzgießprozesses zersetzen. Geeignete Ferroelektrika müssen mit ihrer Curie-Temperatur im Bereich der Einsatztemperatur des Verbundwerkstoffes liegen. Im Bereich der Curie-Temperatur T_C erfolgt eine Phasenumwandlung, bei welcher die spontane Polarisation der Ferroelektrika verloren geht und das Material paraelektrisch wird. In diesem Temperaturbereich sind besonders hohe dielektrische Verluste zu erwarten.

Eine weitere Verbesserung der Schirmdämpfung wurde durch die Kombination eines leitfähigen Füllstoffes und eines ferroelektrischen Füllstoffes erreicht. Dabei kommt es zu Synergieeffekten, welche noch einer umfassenden werkstoffphysikalischen Aufklärung bedürfen [15].

Den theoretischen Ansatzpunkt für die Beschreibung der Schirmdämpfung bildet die Theorie nach Schelkunov. Die Schirmdämpfung beinhaltet die Dämpfungsverluste von Außenpegel zu Innenpegel über die Beachtung der Teileffekte Reflektion, multiple Reflektion und Absorption. Die Dämpfungsverluste durch Absorption sind in einem leitfähigen Material im wesentlichem auf die Ausbildung von Wirbelströmen zurückzuführen.

Bei der zusätzlichen Füllung mit einem geeigneten Ferroelektrikum sind die elektrischen Hystereseverluste mit zu betrachten. Sowohl die bisherigen Untersuchungen von Wenderoth als auch erste eigene Arbeiten zeigten, dass die gemessenen Verluste nicht allein auf diese Mechanismen zurückgeführt werden können, sind weitere Verlustmechanismen aufzuklären. In Betracht kommen unter anderem Kondensatoreffekte und die so genannte Maxwell-Wagner-Sillars-Polarisation [16, 17].

7.1 **Bisherige Materialergebnisse**

Die Herstellung und Charakterisierung neuer Werkstoffe, technologischer Verfahren und Gehäusekonfigurationen aus Kunststoff mit elektromagnetischen Abschirmeigenschaften waren Gegenstand weiterer Betrachtungen.

Ausgehend von verschiedenen theoretischen Ansätzen lag der Arbeitsschwerpunkt auf dem Gebiet der leitfähigen Kunststoffe unter der Beachtung verschiedener Mechanismen zur Absorption hochfrequenter elektromagnetischer Wellen. Im Rahmen dieser Arbeit ergaben sich erste Ansätze zum Einsatz ferroelektrischer Werkstoffe in diesem Polymerverbund. Die Untersuchungen zeigten, dass eine Erhöhung der HF-Verluste möglich ist. Abbildung 7.1 stellt den Einfluss eines Ferroelektrikums auf die Schirmdämpfung von leitfähigen und nichtleitfähigen Polymeren dar. Die Synergieeffekte zwischen leitfähigem Polymer und Ferroelektrikum werden deutlich sichtbar.

Abbildung 7.2 zeigt die Temperaturabhängigkeit der Schirmdämpfung eines Polymers mit einem Ferroelektrikum.

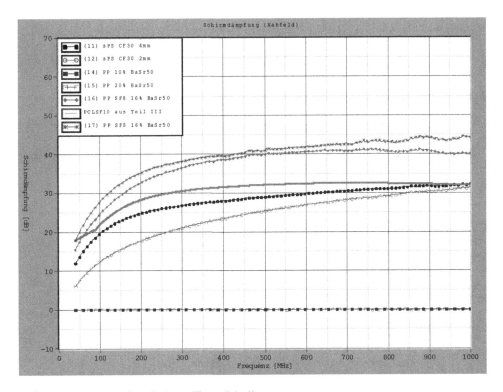

Abb. 7.1 Schirmdämpfung Polymer/Ferroelektrikum

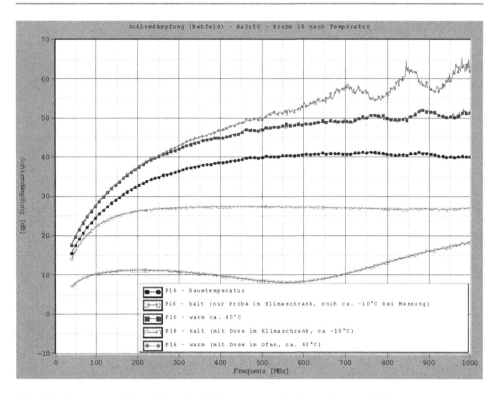

Abb. 7.2 Temperaturabhängigkeit der Schirmdämpfung Polymer/Ferroelektrikum

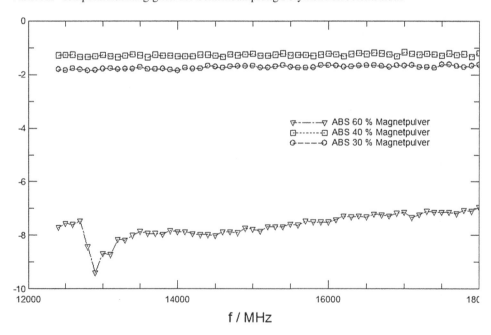

Abb. 7.3 Kfz-Gehäusematerialmessung bis 20 GHz, Transmissionsdämpfung

Abb. 7.4 Bild eines neuartigen Kfz-Gehäuses

Abb. 7.5 Gehäusewerte Schirmdämpfung < 2 GHz

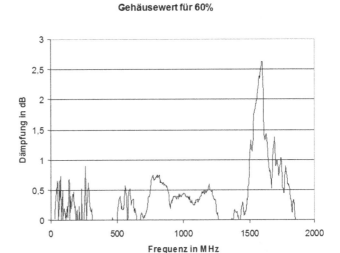

7.2 Gehäuseergebnisse

In Abb. 7.4 ist ein neues Gehäuse zu sehen.

Schirmdämpfungswerte < 2 GHz werden in Abb. 7.5 dargestellt.

7.3 Zusammenfassung

Bisherige Kfz-Gehäuse benutzen ABS als Polymer. Diese Gehäuse besitzen keine wirksamen HF-EMV-Eigenschaften.

Das Gehäuse der Zukunft hat auch in weiteren Frequenzbereichen > 1 bis 20 GHz gute Dämpfungswerte bis 10 dB aufzuweisen.

▶ **Schirmregel 5** Einmischungen von Ferriten, Eisen, Cu oder Titanaten in Polymergehäusen erhöhen die Schirmdämpfung um 30 bis 40 dB.

▶ **Schirmregel 6** Einmischungen von Ferriten oder Titanaten in Polymergehäusen minimieren die Resonanzen.

Schirmbeispiel: Innenauskleidung eines 2,4-GHz-Low-Noise-Verstärker-Gehäuses zur Unterdrückung höherer Moden

Dr. Friedmann, Noretec GmbH

Metallgehäuse von Verstärkerschaltungen können, je nach Geometrie und Design der Schaltung, das Entstehen höherer Moden im Inneren des Gehäuses begünstigen. Dies kann unerwünschte Eigenschwingungen (Oszillationen) im Verstärker bei höheren Frequenzen verursachen und damit die Rauscheigenschaften im Nutzfrequenzbereich erheblich verschlechtern.

Abhilfe schaffen bei solch einem Problem Störstrahlungsabsorber im Inneren des Metallgehäuses. Diese bedämpfen die Mehrfachreflektion der von der Schaltung abgestrahlten Energie, sodass die Störstrahlung keinen negativen Einfluss mehr auf die Schaltung selbst ausüben kann.

Abbildung 8.1 zeigt einen Low-Noise-Verstärker für den Frequenzbereich 2,4 bis 2,5 GHz, also für WLAN-Anwendungen. Es zeigte sich bereits während der Entwicklung des Verstärkers, dass das Gehäuseinnere zur Verbesserung des Signal-Rausch-Verhältnisses mit einer dünnen Absorberschicht ausgekleidet werden musste. Ursache waren Mehrfachreflektionen von höheren Moden, speziell von der dritten Oberwelle bei 7,2 GHz. Als Störstrahlungsabsorber kam ein dünnschichtiger Absorber der Fa. noretec GmbH & Co. KG zum Einsatz.

Dieser Dünnschichtabsorber (Typ 6-3-1-01) besitzt die nachfolgenden Spezifikationen:

- Dicke: 1,66 mm; Material: flexibles Polyurethan
- Mittenfrequenz für maximale Absorption: $f_C = 7,65$ GHz
- 10-dB-Bandbreite: 1,86 GHz
  15-dB-Bandbreite: 1,11 GHz
  20-dB-Bandbreite: 0,44 GHz
- Hersteller: noretec GmbH & Co. KG.

Abbildung 8.2 zeigt das Ergebnis der Absorptionsmessung an dem Dünnschichtabsorber 6-3-1-01. Die Messung erfolgte mit einer X-Band-Hornantenne und dem Rohde & Schwarz Network Analyzer ZVL, und zwar bei senkrechtem Einfall. Für die Messung

© Springer Fachmedien Wiesbaden 2016
F. Gräbner, *EMV-gerechte Schirmung*, DOI 10.1007/978-3-658-10723-9_8

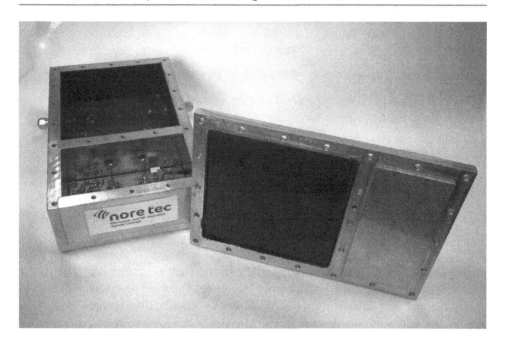

Abb. 8.1 2,4 GHz-Low-Noise-Verstärker, Gehäuse innen ausgekleidet mit einem Störstrahlungsab-sorber der Fa. Noretec GmbH & Co. KG zur Unterdrückung höherer Moden (Typ 6-3-1-01, Dicke 1,66 mm)

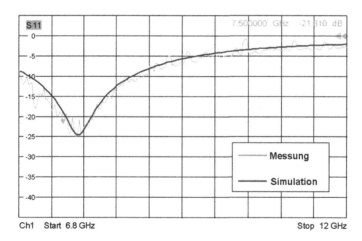

Abb. 8.2 Vergleich der gemessenen Reflektivität an Dünnschichtabsorber 6-3-1-01 (*hellgraue Kurve*) mit einer Simulation (*dunkelgraue Kurve*). Aufgetragen ist die Reflektivität S_{11} (Angabe in dB) in Abhängigkeit von der Frequenz f (Angabe in GHz)

wurde der Absorber an der Unterseite mit einer Metallplatte terminiert. Die Kurve zeigt das ausgeprägte Absorptionsmaximum bei $f = 7{,}65\,\text{GHz}$. Hierbei wird eine Absorption von mehr als $20\,\text{dB}$ erreicht, das heißt, 99 % der eingestrahlten Leistung wird absorbiert und nur noch 1 % wird reflektiert.

Der Absorber ist an der Unterseite mit einer Metallplatte terminiert.

Die Reflektivität des Störstrahlungsabsorbers 6-3-1-01 wurde außerdem mit Hilfe eines Simulationsprogramms ermittelt. Hierbei wird die Reflektion an einem 1-Schicht-Absorber, der an der Unterseite mit Metall abgeschlossen ist, für den senkrechten Welleneinfall berechnet. Die Materialparameter ε, $\tan \delta \varepsilon$, μ und $\tan \delta \mu$ sowie die Schichtdicke d der Absorberschicht bestimmen die Reflektivität des Gesamtaufbaus. Abbildung 8.2 zeigt die gemessene und die berechnete Kurve in direktem Vergleich.

Wie dieses Beispiel zeigt, kann ein dünnschichtiger Störstrahlungsabsorber wirksam die abgestrahlte Leistung in einem Verstärkergehäuse absorbieren. Die geringe Dicke des Absorbers wird durch den Einsatz von feinverteilten eisenhaltigen Pigmenten erzielt. Dadurch bekommt das Material eine relative magnetische Permeabilität von $\mu_r > 1$ und einen Verlustwinkel von $\tan \delta \mu > 0$. Bei der hier vorgestellten Type 6-3-1-01 beträgt die magnetische Permeabilität im untersuchten Frequenzbereich $\mu_r = 1{,}32$ und der magnetische Verlustwinkel $\tan \delta \mu = 0{,}212$.

Metallgehäuse mit Magnetmaterialien

9

Es sollen neue Gehäusematerialien modelliert, synthetisiert und analysiert werden. Ziel dieser neuen Gehäuse ist eine verbesserte Schirmdämpfung und eine Glättung der inneren HF-Feldstärken, wenn in den Gehäusesystemen Elektronik mit HF-Quellen vorhanden sind.

Elektronik im Inneren der Gehäuse soll sicherer arbeiten, wenn feldabsorbierende Schichten und Volumenmaterialien die Resonanzen im Frequenzbereich von 30 bis 2000 MHz in Gehäusen dämpfen. Da diese neue Betrachtungsweise von ferrimagnetischen Schichten im Hinblick auf eine Reflektionsdämpfung neu ist, sind theoretische Modellvorstellungen in einer ersten Näherung aufzustellen.

Es sind ausgehend von den Gefüge- und Struktureigenschaften der Weichferrite und Ferrit-Polymere die HF-Eigenschaften mit der Zielstellung der Erhöhung der Schirmdämpfungseigenschaften von Gehäusen zu entwickeln.

Technologische Fragestellungen der Polymerkeramik und des Schichtaufbaus sollen im Anfangsstadium behandelt werden.

Die wichtigsten Volumeneffekte der Wandlung elektromagnetischer Energie im Ferritmaterial sind zu untersuchen. Erste Hinweise für einen guten Schichteffekt der Wandlung elektromagnetischer Störenergie (EMV-Effekt) in ferritischen Schichten sind zu modellieren, zu synthetisieren und anzuwenden. Weitere Forschungsarbeiten auf dem Gebiet der Untersuchung der HF-Effekte in magnetischen Schichten ist vorzubereiten.

Als Hauptziel der Arbeit ist der Aufbau neuer Gehäuse/optionaler Gehäusebestandteile bestehend aus den neu entwickelten HF-Ferritmaterialien. Die Nutzbarkeit für die EMV ist zu testen. Ausgangspunkt der Betrachtungen zum Einsatz des neuartigen Materials ist der Ansatz einer durch die Gesetzmäßigkeit der Innengehäuseresonanzen je Feldmodi vorhandene Eigenschaft jedes geschlossenen und auch teilweise offenen Metallkörpers auch auf reale Testobjekte mit mehreren Einschubfächern.

Es sollte weiterhin die Einsatzmöglichkeit des entwickelten EMV-Materials getestet werden. Die Frage, inwieweit sich die durch eine Anregung beliebiger HF-Quellen (allgemein Summe monochromatischer elektromagnetischer Wellen, aber auch lineare Schmal-

© Springer Fachmedien Wiesbaden 2016

F. Gräbner, *EMV-gerechte Schirmung*, DOI 10.1007/978-3-658-10723-9_9

Abb. 9.1 Gehäuse mit Quell-
feldstärkesonde

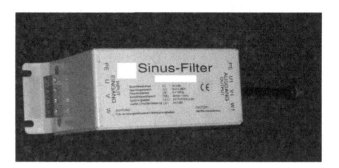

bandwelle) komplexe Resonanzimpedanz beeinflusste elektromagnetische Welle in einem realen Gehäuse dämpfen lässt, ist wichtig zu beantworten. Hintergrund dieser sehr schwierigen feldtheoretischen Betrachtung ist ein praktisches EMV-Problem.

Elektronik, so sie in einem offenen/geschlossenen Metallgehäuse gebracht wird, wird einer größeren Feldbelastung ausgesetzt als bei einer Freiraumausbreitung der gleichen HF-Quellstrahlung. Somit wird das Metallgehäuse an sich zur „EMV-Belastung" durch seine physikalische Eigenschaft der Grenzflächenrückstrahlung (Grenzflächenschirmungsmodell [42]]), durch die elektrische Leitfähigkeit und Resonanzeigenschaft. Es ist der Grundansatz des Projektes die Fähigkeit von HF-absorbierendem Material zu untersuchen diese physikalische Eigenschaften für die EMV von Elektronik im Sinne einer herabgesetzten Eigenstörung nachzuvollziehen. Als Testobjekt diente ein Metall Netzteil mit Metallgehäuse mit und ohne HF-Material.

Abweichend von der herkömmlichen Bedienung wurde in ein Slot am Load Teil des Netzteils die Sonde als HF-Quelle eingesetzt. Am anderen Ende in nur einem Slot des Netzteils wurde die Stabsonde als Empfänger platziert. Das HF-Material im Sinne einer Gehäuseoption wurde a) in nur einem Slot eingesetzt und b) in allen Slots. Als Vorüberlegung konnte angenommen werden, dass es reicht, nur in dem einen Slot das HF-Material einzulegen, da in der Nähe der Empfangssonde die Feldstärke gedämpft wird.

Die Innenresonanzen wurden zum einen mit und zum anderen ohne Material gemessen. Der Gesamtaufbau ist in den Abb. 9.1, 9.2, 9.3, 9.4, 9.5 und 9.6 zu sehen.

Folgende Innenfeldstärkemessungen (Magnetfeld) zur Verdeutlichung des Ansatzes der Entwicklung neuer Gehäusematerialien mit dem Effekt der Glättung innerer Feldresonanzen wurden durchgeführt.

Folgende Aussagen sind mit nachfolgender Diskussion der unterschiedlich wirkenden HF-Effekte zu treffen:

Aussage 1 Der HF-Dämpfungseffekt ist mit nur einem Materialstück in nur einem Slot gering.

Aussage 2 Ein sehr deutlicher HF-Dämpfungseffekt tritt bei der Gesamtbedämpfung aller Slots mit HF-Material auf. Ursache ist das Gesamtinnenresonanzverhalten aller Slots in einem Gehäuse. Dieser Effekt ist positiv für die EMV von Netzteilen und Metallgehäusen.

Abb. 9.2 Gehäuse mit Empfangsfeldstärkesonde

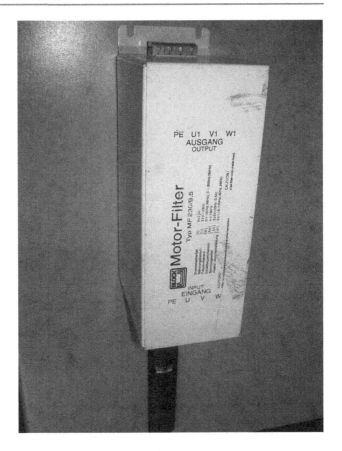

Abb. 9.3 Gehäuseinnenresonanz mit nur einem Materialstück HF-Material in einem Slot

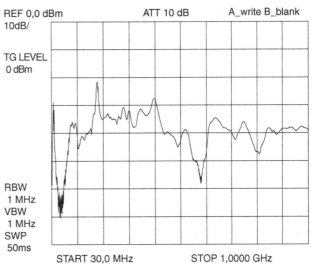

Abb. 9.4 Gehäuseinnenresonanz ohne Materialstück
HF-Material in einem Slot

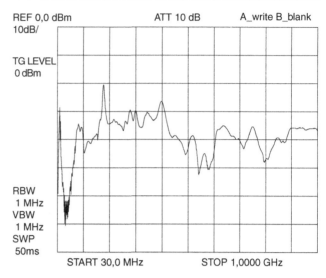

Abb. 9.5 Gehäuseinnenresonanz mit 5 Materialstücken
HF-Material in allen Slots

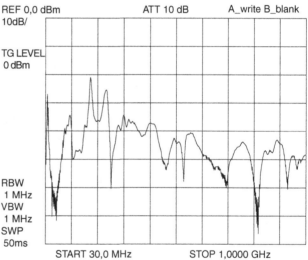

▶ **Schirmregel 7** Auch partielle Nutzung von absorbierenden Materialien dämpft die
Einbrüche der Schirmdämpfung (Resonanzen).

▶ **Schirmregel 8** Je mehr Teilmaterialien man nutzt, desto größer ist der Schirmeffekt.

Das neu entwickelte Material (Betrachtung einer ausgewählten Anzahl an HF-Effekten
im Ferrit) wirkt auf die Elektronik im Sinne eines passiven und nicht aktiven EMV-
Schutzes in offenen und geschlossenen Metallgehäusen.

Abb. 9.6 Gehäuseinnenresonanz ohne Materialstücke
HF-Material in allen Slots

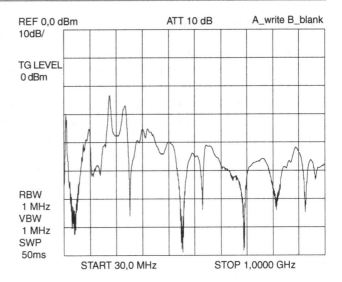

9.1 Dämpfung der Hohlraumresonanzen mit Hilfe absorbierender Magnetlaminate

Die Schirmwirkung der EMV-Gehäuse für elektromagnetische Wellen beruht auf der Reflektion der Wellen. Mit Hilfe elektrisch leitfähiger Dichtungen sind Gehäuse herstellbar, die eine hohe Schirmwirkung aufweisen. Diese Schirmwirkung ist bereits so hoch, dass dünne absorbierende Schichten im Innern nicht zu einer merkbaren Erhöhung der Schirmdämpfung beitragen. Jedoch sollte die Schirmdämpfung durch die Gehäuse nicht das einzige Kriterium für den Einsatz der absorbierenden Schichten sein. Denn auch die interne EMV, das heißt die Beeinflussung der einzelnen elektronischen Baugruppen untereinander muss berücksichtigt werden. Paradoxerweise ist bei einem EMC-Gehäuse mit einer größeren Rückwirkung untereinander zu rechnen, da die Störenergie nicht nach außen entweichen kann. Auch ist vorstellbar, dass bei gleichbleibender Dämpfung der Filter in den Zuleitungen, mehr Störenergie nach außen geleitet wird, weil im Innern mehr Störenergie in die Kabel einkoppeln kann. Das Gesamtsystem zeigt bei einer Störabstrahlungsmessung dann schlechtere Werte.

Eine Verbesserung des EMV-Verhaltens dieser Geräte ist mit Auskleidung durch absorbierende Materialien denkbar.

Der Vergleich der absorbierenden Wirkung verschiedener Materialien geschieht mit Hilfe der Hohlraumresonanzmessung. Auch wenn später in dem mit Elektronik gefüllten Gehäuse keine ausgeprägten Resonanzen mehr auftreten, können diese im leeren Gehäuse zur Qualifizierung herangezogen werden.

9.2 Hohlraumresonanzen

Die Anregung der Hohlraumresonanzen ist sowohl mit elektrischen Dipolantennen als auch mit magnetischen Rahmenantennen möglich. Dabei ist die Anregung der verschiedenen Moden vom Ort der Sende- und Empfangsantenne abhängig.

Zum Einsatz bei diesen Messungen kamen Rahmenantennen (Abb. 9.7), die am Rand angebracht waren, weil an dieser Stelle zumindest die ersten Moden Maxima des magnetischen Feldes aufweisen. Ein weiterer Vorteil dieser Antennen besteht darin, dass sie nicht mit dem Gehäuse verbunden werden müssen.

Die Berechnung der Hohlraumresonanzen λ_R geschieht nach [1]

$$\lambda_R = \frac{c_0}{f_R} = \frac{2}{\sqrt{\left(\frac{m}{a}\right)^2 + \left(\frac{n}{b}\right)^2 + \left(\frac{p}{c}\right)^2}} \tag{9.1}$$

Dabei ist c_0 die Lichtgeschwindigkeit, a, b und c sind die Dimensionen des Gehäuses.

Für $a = 43\,\mathrm{cm}$, $b = 13\,\mathrm{cm}$ und $c = 23\,\mathrm{cm}$ ergeben sich die Resonanzfrequenzen aus Tab. 9.1.

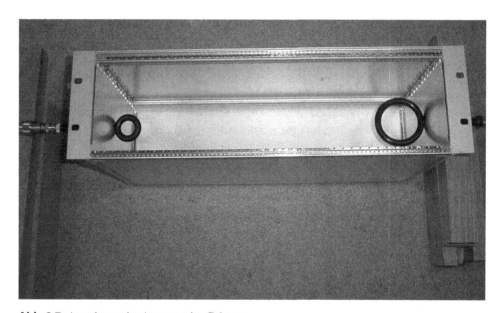

Abb. 9.7 Anordnung der Antennen im Gehäuse

Tab. 9.1 Resonanzfrequenzen eines Gehäuses in Abhängigkeit der Resonanzmodi m, n, p

m	1	2	1	0	1	1	2	0	1	2	3	2	0	1
n	0	0	1	1	0	1	1	1	1	1	1	1	2	2
p	1	1	0	1	2	1	1	2	2	2	2	3	1	1
f_R [MHz]	740	955	1205	1325	1350	1371	1498	1741	1776	1876	2032	2376	2398	2423

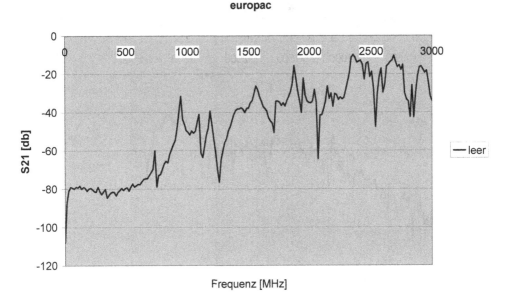

Abb. 9.8 Hohlraumresonanzen beim leeren Gehäuse

Bei einem leeren Gehäuse sind sehr deutlich die ersten drei Resonanzstellen bei 735, 945 und 1185 MHz zu sehen (Abb. 9.8), die fast mit der Berechnung übereinstimmen. Die Resonanz bei 1095 MHz rührt vom Messaufbau her. Dies ist aus Abbildung ersichtlich, denn bei der Messung der Transmission ohne Gehäuse war diese Resonanzstelle auch vorhanden.

In Abb. 9.8 sind die Hohlraumresonanzen bei einem leeren Gehäuse ohne Material zu sehen.

Ohne Material sind Resonanzen zu erwarten, welche eine Reduzierung der Schirmdämpfung zur Folge haben.

Wichtigstes Ziel der Schirmdämpfungserhöhung ist es, durch den Einsatz der absorbierenden magnetischen Materialien die Reduzierung der Resonanzen und die Erhöhung der Schirmdämpfung zu erreichen.

In Abb. 9.9 ist die Transmissionsdämpfung ohne Gehäuse und Material zu sehen. Aussage dieses Bildes ist ein Vergleichswert.

9.3 Beschichtete Gehäuse

Die Beschichtung der Gehäuse führt zu einer deutlichen Dämpfung der Resonanzstellen. Der Effekt war bei der dickeren Schlickerschicht besser zu sehen. Allerdings ist diese Schicht zu porös, das heißt, sie bröckelt sehr leicht ab, und ist deshalb nicht für den Einsatz in Gehäusen geeignet.

Messaufbau

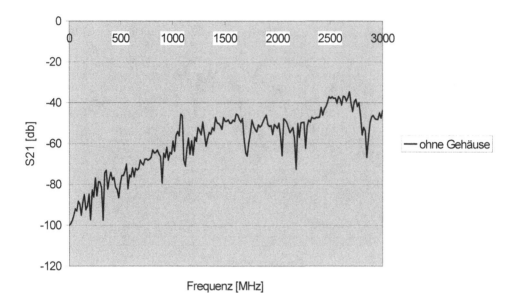

Abb. 9.9 Transmission des Messaufbaus (ohne Gehäuse)

europac

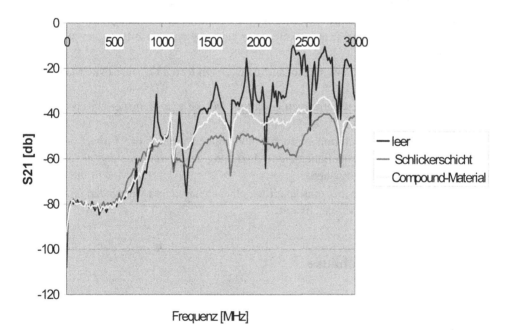

Abb. 9.10 Hohlraumresonanzen bei beschichteten Gehäusen

In Abb. 9.10 ist bei der hellen Kurve eine deutliche Erhöhung der Schirmdämpfung des Gehäuses mit Absorbermaterial gegenüber der dunklen Kurve des Gehäuses ohne Material zu sehen. Ebenso ist eine deutliche Reduzierung der Resonanzen zu sehen.

Dieses Bild beweist die Richtigkeit der Annahme, dass mittels Einsatzes eines absorbierenden Magnetmaterials die Schirmdämpfung erhöht werden kann. Der Einsatz einer Schlickerschicht ist nicht praxisrelevant, da eine Schlickerschicht eine Handbeschichtung ist.

9.4 Absorbierendes Material als Einschub

Eine andere denkbare Alternative ist der Einsatz von absorbierenden Materialien als Einschub in den Gehäusen. Dies wurde mit folgendem Messaufbau simuliert, wobei die absorbierenden Materialien befestigt wurden. Dabei ist auch eine Bedämpfung der Hohlraumresonanzen feststellbar (Abb. 9.11 und 9.12).

Allerdings tritt auch eine Verschiebung der Resonanzstellen auf. Ein typisches EMV-Phänomen, das heißt die Wirkung der Proben, wird maßgeblich von der Lage der Ein-

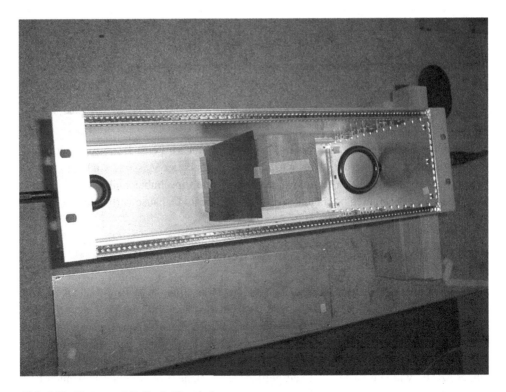

Abb. 9.11 Compound-Folie als Einschub

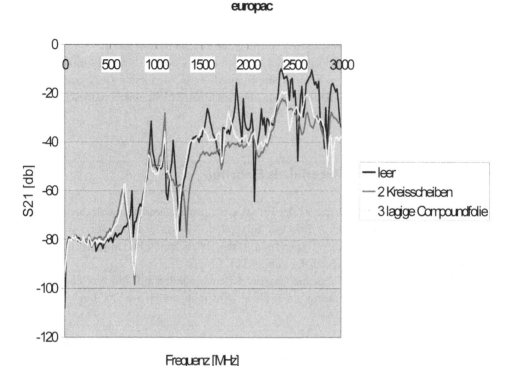

Abb. 9.12 Hohlraumresonanzen bei Einschub von absorbierendem Material

schübe bestimmt. In ungünstigen Fällen könnte auch eine Verschlechterung des EMV-Verhaltens des Gesamtsystems eintreten.

Durch das Einbringen der absorbierenden Materialien wird eine Dämpfung der Hohlraumresonanzen herbeigeführt. Dies wird in der Regel bei der Messung kompletter Elektroniksysteme zu einer Verbesserung führen. Auch die Einschubtechnik könnte zur Lösung von EMV-Problemen beitragen, wenn freier Platz im Gehäuse vorhanden ist.

9.5   Ferrithaltige Dickschichten für neue EMV-Metallgehäuse

Das wissenschaftlich-technische Ziel betrifft die Herstellung und Erprobung von HF-absorbierenden Dickschichten. Dazu wurden technologisch einfache Beschichtungsverfahren gewählt. Es wurde angestrebt, mit diesen Schichten höchste Ansprüche hinsichtlich Umweltverträglichkeit und Recycelbarkeit zu erfüllen. Die Schichten sind vollständig frei von Schadstoffen. Während des Beschichtungsverfahrens werden keine Schadstoffe eingesetzt. Es wurde eine Möglichkeit gefunden, vollständig recycelbare Schichten herzustellen, das heißt wiedergewonnenes Material ist mit relativ geringem Aufwand zum gleichen Zweck einsetzbar. Das entspricht den Forderungen des Kreislaufwirtschafts- und Abfallgesetz (KrW-/AbfG § 4).

Für das Erreichen der genannten Ziele erfolgte die Entwicklung und Erprobung von bindemittelhaltigen Materialien (Schlicker- und Spachtelmasse), in denen Ferritpulver enthalten ist. Diese Materialien können zur Beschichtung mittels einfacher Technologien, wie Tauchen, Schlickergießen, Spritzen und Rakeln, eingesetzt werden, wobei zunächst eine Schicht entsteht, die noch Lösungsmittel enthält. Die Aushärtung der Schicht erfolgt mit dem Verdampfen des Lösungsmittels.

Aus den Einsatzanforderungen der HF-absorbierenden Schichten lassen sich folgende Anforderungen an die Schichteigenschaften ableiten:

- ausreichende Festigkeit und Substrathaftung, um die mechanische Bearbeitung von beschichteten Gehäuseteilen zu ermöglichen,
- möglichst hoher Volumenanteil des Ferritmaterials, um eine hohe HF-Absorption zu erreichen,
- in weiten Grenzen einstellbare Schichtdicke, um eine flexible Anpassung an die Erfordernisse des jeweiligen Anwendungsfalls zu sichern.

Folgende Ausführungsvarianten von ferrithaltigen Dickschichten wurden hergestellt und erprobt:

9.5.1 Schlickerschichten

Dabei handelt es sich um Schichten mit einem Ferritgehalt bis 30 Ma-%. Diese wurden aus einem Schlicker hergestellt, der mittels Tauchen auf die eingesetzten Substrate aufgebracht wurde.

Der Schlicker enthält neben einem organischen Bindersystem, welches zusätzlich zu seiner Binderfunktion zum Dispergieren der Ferritpartikel beiträgt, Komponenten zur Einstellung eines thixotropen Verhaltens des Schlickers. Weiterhin ist ein Lösungsmittelanteil enthalten, mit dem die Fließfähigkeit des Schlickers eingestellt wird. Für den Schlicker wurde Ferritpulver $Zn_{0,23}Mn_{0,69}Fe_{2,08}O_4$ mit einem mittleren Korndurchmesser von 1 μm eingesetzt. Hergestellt wurden Ferrit-Schlickerschichten im Schichtdickenbereich zwischen ca. 50 und 500 μm.

Eine deutliche HF-Wirksamkeit der Ferrit-Schlickerschichten konnte (mittels Stripline) nur im Schichtdickenbereich von 200 bis 500 μm festgestellt werden. Bei dünneren Schichten ist eine (geringfügige) HF-Wirksamkeit nur bei sehr hohen Frequenzen (> 2 GHz) feststellbar.

9.5.2 Schlickerschichten mit leitfähiger Beschichtung

Ein Teil der Ferrit-Schlickerschichten wurden zusätzlich mit einer metallisch leitfähigen Beschichtung versehen, um einen Vergleich des Verhaltens von HF-absorbierenden

Schichten mit und ohne elektrischer Leitfähigkeit vornehmen zu können. Zum Aufbringen der leitfähigen Schichten wurde ein patentiertes Verfahren zur stromlosen Metallabscheidung eingesetzt. Mit diesem Verfahren ist auch eine Innenmetallisierung von Kunststoffgehäusen mit vergleichsweise geringem Aufwand möglich, wobei auf die Metallisierungsschicht ebenfalls eine Ferritschicht aufgebracht werden kann. Der Flächenwiderstand der Cu-Schichten kann in einem weiten Bereich, von unter $10\,\mathrm{m}\Omega/\square$ bis zu mehreren hundert $\Omega/\square$, eingestellt werden.

Die im Rahmen dieser Arbeit auf Ferrit-Schlickerschichten aufgebrachten Metallisierungsschichten weisen ein Dicke bis ca. $20\,\mu\mathrm{m}$ auf. Der bei diesen Schichten eingestellte Flächenwiderstand lag im Bereich von 1 bis $50\,\Omega/\square$.

Ferrit-Schlickerschichten, auf die mittels chemischer Abscheidung eine elektrisch leitfähige Schicht (Cu) aufgebracht wurde, weisen im Vergleich zu gleichdicken Schichten ohne elektrische Leitfähigkeit eine verstärkte Dämpfung der Resonanzen der Stripline auf.

9.5.3   Schichten aus ferrithaltiger Spachtelmasse

Als Konsequenz aus den mittels Schlickerschichten erhaltenen Ergebnissen wurde eine Erhöhung der Schichtdicke bei gleichzeitiger drastischer Vergrößerung des Ferritgehaltes angestrebt. Beide Ziele wurden mit Hilfe einer ferrithaltigen Spachtelmasse mit im Vergleich zum Ferrit-Schlicker wesentlich erhöhtem Ferritgehalt von 85 bis 93 Ma-% erreicht. Mit dieser Spachtelmasse sind Schichten mit einer Dicke bis etwa 5 mm herstellbar. Für die Spachtelmasse wurde Ferritpulver $\mathrm{Zn_{0,23}Mn_{0,69}Fe_{2,08}O_4}$ im Korngrößenbereich 10 bis $100\,\mu\mathrm{m}$ eingesetzt. Es wurde ein Bindersystem mit Wasser als Lösungsmittel gewählt, mit dem die oben genannten Ziele zur Umweltverträglichkeit und Recycelbarkeit erfüllbar sind. Die Verarbeitung diesen Materials zu Schichten erfolgte mittels Rakeln.

An Schichten mit einem Bindergehalt von 15 Ma-% wurde eine für die mechanische Bearbeitung ausreichende mechanische Schichtfestigkeit und Haftfestigkeit auf Aluminiumsubstraten nachgewiesen. Das eingesetzte Bindersystem kann durch entsprechende chemische Modifikationen potentiell an erhöhte Anforderungen hinsichtlich mechanischer Festigkeit der Schicht, Haftfestigkeit und Klimabeständigkeit angepasst werden.

Für Versuche, die der Untersuchung des Einflusses der Ausrichtung der Ferritpartikel im Magnetfeld dienten, wurde ein Co-dotiertes Ferritpulver $\mathrm{Co_{0,02}Zn_{0,17}Ni_{0,67}Fe_{2,09}O_4}$ eingesetzt. Durch die Anwesenheit des Magnetfeldes eines Permanentmagneten (NdFeB) während des Aushärtens erfolgte eine Ausrichtung von aus diesem Material hergestellten Schichten. Die Ausrichtung der Ferritpartikel entlang der Feldlinien des Magneten war optisch sichtbar. Ein wesentlicher Unterschied im HF-Verlust zwischen diesen Schichten und nicht ausgerichteten Schichten gleicher Dicke konnte nicht festgestellt werden.

Mit der beschriebenen Ferrit-Spachtelmasse (mit Ferritpulver $\mathrm{Zn_{0,23}Mn_{0,69}Fe_{2,08}O_4}$) erfolgte die Innenbeschichtung von Tischgehäusen.

Die Dicke der Beschichtung lag bei 2 bis 3 mm. An einem teilweise beschichteten Gehäuse (eine Seitenwand vollständig und Gehäuseboden ca. 1/2 beschichtet) wurden Dämpfungsmessungen im reaktiven Nahfeld ausgeführt. Der Vergleich mit einem unbeschichteten Gehäuse zeigte die Erhöhung der Schirmdämpfung um rund 10 dB im unteren Frequenzbereich bei dem teilweise beschichteten Gehäuse.

An einem vollständig beschichteten Gehäuse wurde die deutliche Bedämpfung von Hohlraumresonanzen im Vergleich mit einem unbeschichteten Gehäuse festgestellt.

Um Messungen realisieren zu können, die eine hohe Sicherheit bei der Beurteilung der HF-Absorptionswirkung der aus Ferrit-Spachtelmasse hergestellten Schichten ermöglichen, wurde ein kugelförmiges Kunststoffgehäuse (Durchmesser außen: 26 cm; innen: 25,5 cm), bestehend aus zwei Halbkugeln mit Flanschverbindung, hergestellt und beschichtet. Die Dicke der Ferritschicht an den Kugelflächen lag im Bereich zwischen 3 und 4 mm. Die Dämpfungsmessungen an diesem Gehäuse erfolgten mittels Kugelsonde. Die Ferritschicht weist im Bereich von 30 bis 1000 MHz eine mit der Frequenz steigende Schirmdämpfung auf. Die maximale Schirmdämpfung beträgt 9 dB.

9.6 Ferritvolumengehäuse

Mittels der Aussagen von der Modellierung der Volumen und Dünnschichtsysteme wird die Grundrichtung im Materialdesign vorgegeben. Zieleigenschaft der neuen Gehäuse mit realisiertem Polymer bzw. der Metallgehäuse mit dünner Ferrit-Beschichtung (NiZn-Ferrit bzw. MnZn-Ferrit) ist eine Erhöhung der Reflektionsdämpfung des Materials im Frequenzbereich von 20 bis 2000 MHz und daraus resultierend eine Verbesserung der Schirmdämpfungseigenschaft. Es ist Ziel eine neue EMV-Gehäusegeneration zu schaffen.

9.6.1 Ferritvolumengehäuse für neue EMV-feste Kfz-Sensorgehäuse

KfZ-Winkelsensoren unterliegen den strengen Anforderungen der Automobil-Hersteller. Gerade hinsichtlich EMV-Forderungen werden immer höhere Ansprüche an elektronische Systeme im Automobil gestellt.

Um diesen Ansprüchen gerecht zu werden, müssen unter anderem Maßnahmen ergriffen werden, um den Einfluss störender elektromagnetischer Felder von den jeweiligen Elektronik-Komponenten fernzuhalten (Abb. 9.13).

Bisher wird für die Sensorgehäuse ein leitender Kunststoff aus PA66 mit 40 % Kohlefasern verwendet. Um die Kennwerte der verschiedenen entwickelten Materialproben zu

Abb. 9.13 Drehwinkelsensor mit leitfähigem Kunststoffgehäuse aus PA66 40 % CF

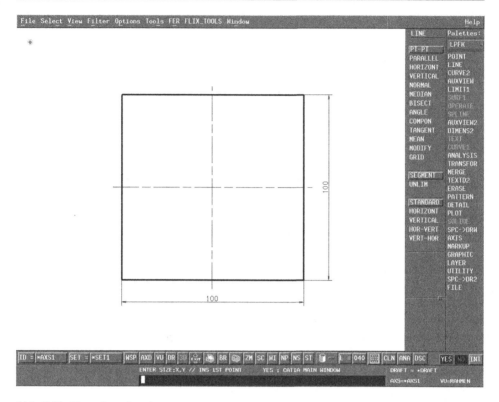

Abb. 9.14 Platte ($t = 5$ mm)

ermitteln, wurden Prüfmuster gefertigt. Für die ersten Voruntersuchungen wurden Platten (Abb. 9.14) und Hohlleiter (Abb. 9.15) verwendet.

Nachdem eine Verbesserung der EMV-Eigenschaften beim neu entwickelten Ferrit-Polymer-Compound nachgewiesen werden konnte, ging es im nächsten Schritt um die Anpassung der weiteren Kunststoffeigenschaften. Hierzu wurden sensornahe Gehäusetei-le aus einem Ferrit-Polyamid-Compound gespritzt (Abb. 9.16).

Durch Messungen konnten die verbesserten EMV-Eigenschaften auch bei diesem Kunststoff bestätigt werden.

Da das Polymer zur Bindung des Ferritpulvers nach den Messergebnissen keinen Ein-fluss auf die EMV-Eigenschaften hat, können die weiteren Eigenschaften des Kunststoffes (mechanisch, thermisch, chemisch usw.) in einem gewissen Bereich durch entsprechende Auswahl des Polymers angepasst werden.

Es wurde eine Strategie festgelegt, mit der die Einschätzung der HF-Eigenschaften nach erfolgter Feldmodellierung und Werkstoffstrukturanalyse durchgeführt wird.

Als Messverfahren wurde zur HF-Charakterisierung von kleinen Proben die Stripline Methode (Streifenleitung) mit einer angepassten Anordnung ausgewählt. Die Reflektions-dämpfung wird mittels der S-Parameter Messung bestimmt.

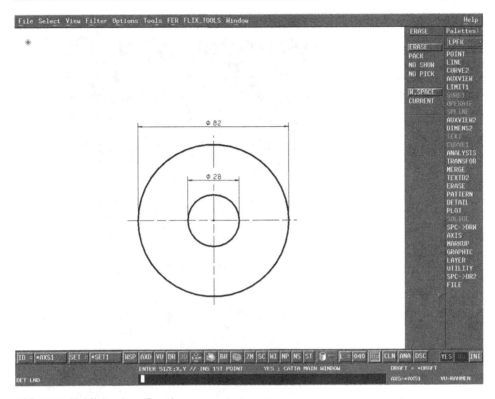

Abb. 9.15 Hohlleiter ($t = 5$ mm)

Abb. 9.16 Sensor Gehäuseteil
aus Ferrit-Polymer-Compound.
(Quelle: [47])

Die Bewertung der Schirmdämpfung d von den kompletten Polymergehäusen bzw. Metallgehäusen wird nach der VG-Norm (Verteidigungsnorm) realisiert. Im Gegensatz zu den Polymer-Kohlefaser-Gehäusen weist das Polymer-Ferrit-Gehäuse einen höheren magnetischen Absorptionsverlust auf.

x-Achse: Frequenz
y-Achse: Schirmdämpfung, Ref. bei 90 %.

Es ist gelungen, die EMV-Eigenschaften des Polymer-Kohlefaser-Materials zu verbessern. Durch Nutzung eines Polymer-Ferrit-Materials mit HF-absorbierenden Eigenschaf-

Abb. 9.17 600 ... 1000 MHz,
Ref. −45 dB. *Obere Kurve*:
Schirmdämpfung des Polymer-
Kohlefaser-Gehäuses, *untere
Kurve*: Schirmdämpfung des
Polymer-Ferrit-Gehäuses

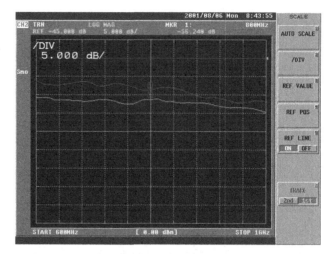

Abb. 9.18 600 ... 1000 MHz,
Ref. 0 dB. Differenz Schirmdämpfung (Verbesserung Ferrit
gegenüber Kohlefaser ca. 3 bis
5 dB)

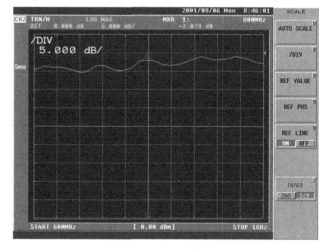

ten (erhöhter μ''-Permeabilitätsverlust) konnte die Schirmdämpfung des Polymermateri-
als verbessert werden. Somit wurden die Voraussetzungen für ein KfZ-Sensor-Gehäuse
(Abb. 9.16) mit besserem EMV-Verhalten für die Elektronik im Inneren des Sensors geschaffen (vgl. Abb. 9.17, 9.18, 9.19 und 9.20).

▶ **Schirmregel 9** Das Material Polymer mit Ferritmischung besitzt als Gehäuse eine
größere Schirmdämpfung als eine Polymer-Kohlefasermischung.

Messgegenstand waren Metallbaugruppenträger Gehäuse in den folgenden Varianten,
wie in Abb. 9.21a–d dargestellt:

Die Messungen an den Gehäusen erfolgten als Vergleichsmessungen zwischen einem
Originalgehäuse und Gehäusen der jeweiligen Auskleidungsvariante entsprechend der
Norm VG 95373 T15.

Abb. 9.19 80 ... 600 MHz, Ref. −40 dB. *Obere Kurve*: Schirmdämpfung des Polymer-Kohlefasergehäuses, *untere Kurve*: Schirmdämpfung des Polymer-Ferrit-Gehäuses

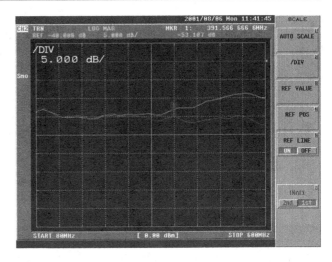

9.6.2 Prinzip der vergleichenden Schirmdämpfungsmessung

Die Ergebnisse der Schirmdämpfungsmessungen an den Gehäusen sind in den Abb. 9.22, 9.23 und 9.24 dargestellt.

Abb. 9.20 Messaufbau und neuartiges Polymer-Ferrit-Gehäuse

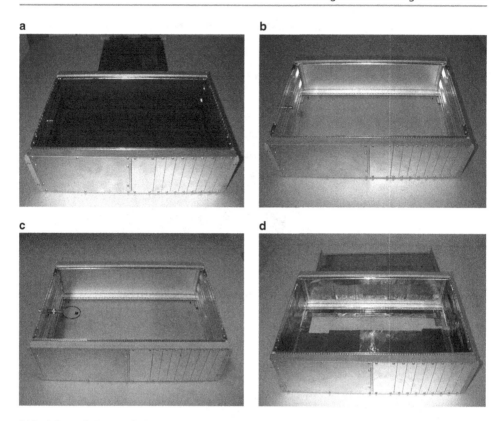

Abb. 9.21 **a** Gehäuse mit 1- bzw. 1,5-mm-Schicht (Absorberpulver in Lack als Träger); **b** Original-gehäuse als Referenz; **c** Gehäuse mit 3 mm EMISONIX; **d** Gehäuse mit Nanoschicht auf Kupferfolie

Abb. 9.22 Messaufbau der
Schirmdämpfungsmessung
nach VG 95373 T15

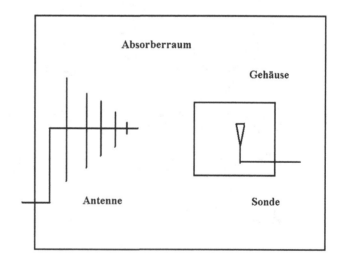

Abb. 9.23 Schirmdämpfung
30 MHz ... 1 GHz

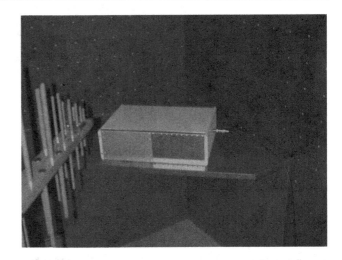

Abb. 9.24 Magneti-
sche Schirmdämpfung
10 kHz ... 30 MHz

9.7 Ergebnisse der Schirmdämpfungsmessungen

Für die Ausstattungsvarianten mit 1,5 mm Schicht bzw. 3 mm EMISONIX ergeben sich Schirmdämpfungsverbesserungen bis ca. 10 dB.

Bei einer Ausstattung mit EMISONIX verbessert sich die magnetische Schirmdämpfung gerade im unteren Frequenzbereich um mehr als 10 dB und es zeigt sich eine Minimierung der Gehäuseinnenresonanzen und der damit verbundenen Schirmdämpfungseinbrüche.

Die Ausstattung mit absorbierender Nanoschicht bringt im betrachteten Frequenzbereich keine den Aufwand rechtfertigenden Vorteile. Die anderweitig nachgewiesene Wirkung im GHz-Bereich wäre für die Gehäuse zu untersuchen – dann auch auf nichtleitfähigem Träger, um eine Verfälschung durch die Kupferfolie auszuschließen (Abb. 9.25).

Abb. 9.25 Transmissionsdämpfung einer magnetischen
Nanoschicht

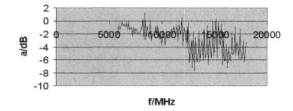

In Abb. 9.26 ist die Transmissionsdämpfung einer nichtleitfähigen Absorberschicht zu sehen. In dem angegebenen Frequenzbereich ist die Absorption dieser Nanoschicht größer als der eines Lackes.

In Abb. 9.27 ist die Schirmdämpfung eines Laminatstückes EMISONIX ohne Metallfolie und Aluminiumkleber zu sehen. Es fällt auf, dass im unteren Bereich bis 400 MHz

Abb. 9.26 Transmissionsdämpfung einer Dickschicht

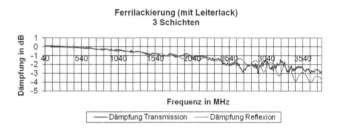

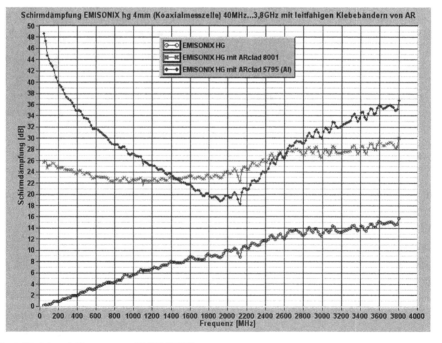

Abb. 9.27 Materialkennwerte: EMISONIX

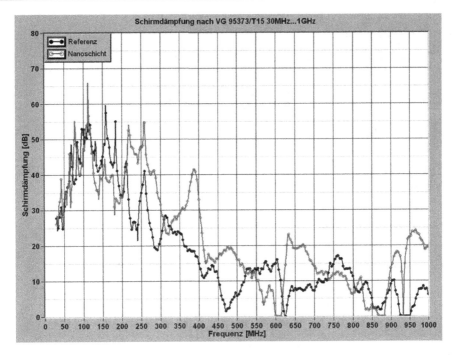

Abb. 9.28 Schirmdämpfung Nanoschicht auf Cu-Folie gegenüber Referenzgehäuse

die Wirkung vergleichsweise gering ist (untere Kurve). Gute Werte werden ab 800 MHz erreicht und sehr gute ab 2000 MHz. Bei der mittleren und oberen Kurve ist auch unter 400 MHz eine gute Schirmdämpfung und auch sonst eine höhere Schirmdämpfung als das Laminat allein. Dies ist so zu erklären, dass das Metallklebeband einen großen Anteil an der Schirmdämpfung beibringt.

In Abb. 9.28 ist die Wirkung einer absorbierenden Nanoschicht im Frequenzbereich < 1000 MHz auf einem Metallbaugruppenträger dargestellt.

Die Wirkung gegenüber einem blanken Metallbaugruppenträger ohne Material ist sehr gering.

Prinzipiell ist der gleiche Verlauf zu konstatieren. Erklärbar ist die mit den physikalischen Grundlagen der Wirkung der dynamischen Felder auf Nanoschichten. Erst bei höheren Frequenzen wirken die Spinwelleneffekte: grob ab rund 10 GHz.

In Abb. 9.29 ist die Wirkung eines Lackes zu sehen. Erst ab 600 MHz wirkt das Material mit 1 mm Dicke mit einer Schirmdämpfungserhöhung um 10 dB im Metallgehäuse.

Das Material wurde innen vollständig verklebt.

Abbildung 9.30 zeigt die Wirkung eines Lacks. Erst ab 600 MHz wirkt das Material mit 1,5 mm Dicke mit einer Schirmdämpfungserhöhung um 20 dB im Metallgehäuse.

Das Material wurde innen vollständig verklebt.

Abb. 9.29 Schirmdämpfung 1 mm Lackschicht gegenüber Referenzgehäuse

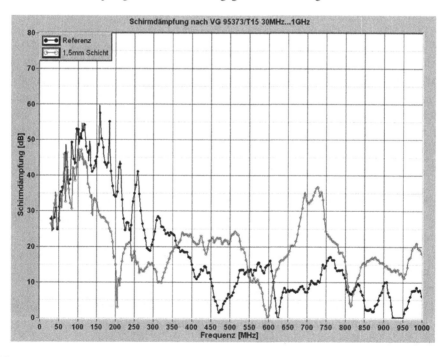

Abb. 9.30 Schirmdämpfung 1,5 mm Lack Schicht gegenüber Referenzgehäuse

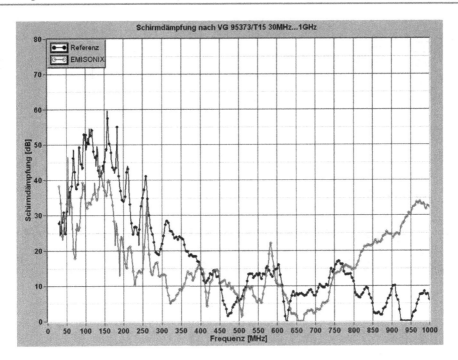

Abb. 9.31 Schirmdämpfung 3 mm EMISONIX Laminat gegenüber Referenzgehäuse

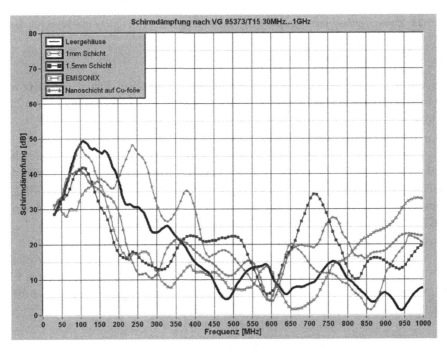

Abb. 9.32 Zusammenfassende Darstellung der Schirmdämpfung eines Metallgehäuses mit mehreren Absorbermaterialien im Frequenzbereich bis 1000 MHz

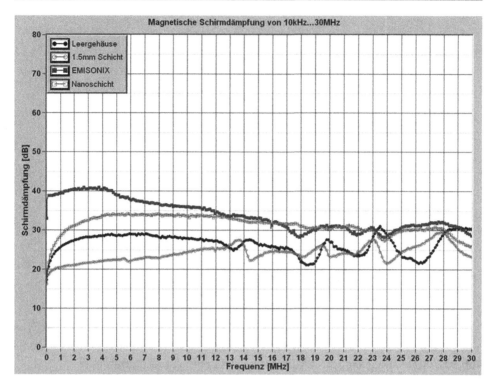

Abb. 9.33 Zusammenfassende Darstellung der Schirmdämpfung eines Metallgehäuses mit mehreren Absorbermaterialien im Frequenzbereich bis 30 MHz

In Abb. 9.31 ist die Wirkung eines Volumenmaterials zu sehen. Erst ab 600 MHz wirkt das Material EMISONIX mit 3 mm Dicke mit einer Schirmdämpfungserhöhung um 25 dB im Metallgehäuse.

Das Material wurde innen vollständig verklebt.

Zusammenfassend ist zum Vergleich eines ferrithaltigen Lackes, einer Nanoschicht und eines magnetischen Laminates EMISONIX im Frequenzbereich < 1000 MHz festzustellen, dass alle Kurven beieinander liegen und die größte Wirkung ab 700 MHz das Volumenmaterial EMISONIX besitzt. Dieses weist eine Schirmdämpfungserhöhung um 25 dB bei innenverklebtem Material im Metallgehäuse auf (Abb. 9.32).

Zusammenfassend ist zum Vergleich eines ferrithaltigen Lackes, einer Nanoschicht und eines magnetischen Laminates EMISONIX im Frequenzbereich < 30 MHz festzustellen, dass alle Kurven beieinander liegen und die größte Wirkung das Volumenmaterial EMISONIX besitzt. Dieses weist eine magnetische Schirmdämpfungserhöhung um 15 dB auf (Abb. 9.33).

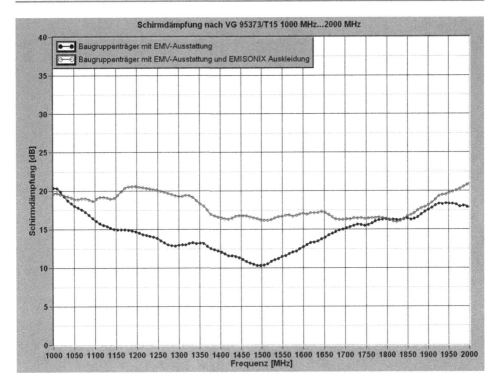

Abb. 9.34 Schirmdämpfung 3 mm EMISONIX Laminat gegenüber Referenzgehäuse im Frequenz-bereich 1000 bis 2000 MHz

In Abb. 9.34 ist die Wirkung eines Volumenmaterials zu sehen. Sehr breitbandig und deutlich wirkt das Material EMISONIX mit 3 mm Dicke mit einer Schirmdämpfungser-höhung um 10 dB im Metallgehäuse. Das Material wurde innen vollständig verklebt.

▶ **Schirmregel 10**   Ein Metallgehäuse mit Laminatinnenauskleidung mit Kautschuk Fer-rit besitzt ab 1 bis 2 GHz eine sehr gute Dämpfung.

Leiterplattenschirmung 10

10.1 Technischer Aufbau der Teststrukturen/neuartigen EMV-Höchstleiterplatten

Im folgenden Kapitel wird die Anwendung der neu entwickelten Nanoferritschicht als absorbierende Zwischenschicht auf einer Testleiterplattenstruktur diskutiert. Ein einfacher Streifenresonator koppelt Oberwellen höherer Frequenz aus, welche ein einfaches Oszillatorbauelement erzeugt (Abb. 10.1 und 10.2).

Der mögliche Testaufbau der neuartigen HF-Leiterplatte sieht wie in der folgenden (Abb. 10.3) aus.

10.2 Elektromagnetische Störaussendung (EMV) mit alter und neuartiger Leiterplatte

Es wurde nach Abb. 10.2 und 10.3 eine Teststruktur aufgebaut, welche jeweils eine Störoberwelle je Frequenz mit einer alten Leiterplattenstruktur auskoppelt, und zum Vergleich wurde eine neue Leiterplattenstruktur (Ferritschicht) konstruiert. Die jeweils gedämpfte elektromagnetische Störstrahlung wurde nun mit der alten Leiterplatte (ohne Ferritschicht) und der neuartigen Leiterplatte (mit Ferritschicht) verglichen.

Es zeigte sich, dass die Werte der Reflektionsdämpfung der Schicht sich auf die Dämpfung der elektromagnetischen Funkstörfeldstärke übertragen lassen.

In Abb. 10.4a ist die Funkstörfeldstärke der Teststruktur des Oszillators mit Streifenleitung auf der Multilayerleiterplatte ohne absorbierende Schicht zu sehen. In Abb. 10.4b wird dieselbe Struktur diesmal mit einer absorbierenden Schicht dargestellt.

Zur Simulation der Testleiterplatte wurde das Programm SONNET verwendet. Dabei wird angenommen, dass sich die Leiterplatte in einer allseitig geschlossenen Box befindet.

In Abb. 10.5 ist der Aufbau der Feldstärkemessung bei 3,2 GHz zu sehen.

© Springer Fachmedien Wiesbaden 2016
F. Gräbner, *EMV-gerechte Schirmung*, DOI 10.1007/978-3-658-10723-9_10

Abb. 10.1 Teststrukturleiter-
platte mit Streifenauskopplung

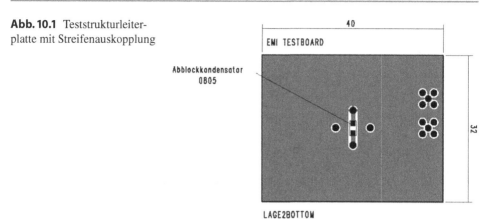

Abb. 10.2 Lage 1 TOP

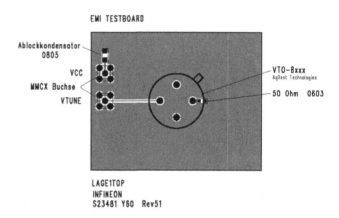

18μm / 35μm	Layer 1 (top)	Kupfer	
400...500μm		Core / Laminat	
18μm / 35μm	Layer 2 (gnd)	Kupfer	
xxxnm		Ferritische Schicht	
50....100μm		Prepreg	50μm bevorzugt
xxxnm		Ferritische Schicht	
18μm / 35μm	Layer 3 (Vcc)	Kupfer	
400...500μm		Core / Laminat	
18μm / 35μm	Layer 4 (bot.)	Kupfer	

Abb. 10.3 Querschnitt der neuartigen HF-Leiterplatte

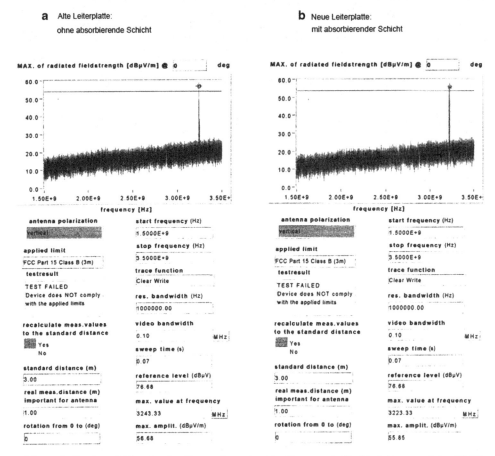

a Alte Leiterplatte:
ohne absorbierende Schicht

b Neue Leiterplatte:
mit absorbierender Schicht

(a)		(b)	
antenna polarization	**start frequency (Hz)**	**antenna polarization**	**start frequency (Hz)**
vertical	1.5000E+9	vertical	1.5000E+9
	stop frequency (Hz)		**stop frequency (Hz)**
applied limit	3.5000E+9	**applied limit**	3.5000E+9
FCC Part 15 Class B (3m)	**trace function**	FCC Part 15 Class B (3m)	**trace function**
testresult	Clear Write	**testresult**	Clear Write
TEST FAILED		TEST FAILED	
Device does NOT comply with the applied limits	**res. bandwidth (Hz)**	Device does NOT comply with the applied limits	**res. bandwidth (Hz)**
	1000000.00		1000000.00
recalculate meas.values to the standard distance	**video bandwidth**	**recalculate meas.values to the standard distance**	**video bandwidth**
Yes	0.10 MHz	Yes	0.10 MHz
No	**sweep time (s)**	No	**sweep time (s)**
	0.07		0.07
standard distance (m)	**reference level (dBµV)**	**standard distance (m)**	**reference level (dBµV)**
3.00	76.68	3.00	76.68
real meas.distance (m) important for antenna	**max. value at frequency**	**real meas.distance (m) important for antenna**	**max. value at frequency**
1.00	3243.33 MHz	1.00	3223.33 MHz
rotation from 0 to (deg)	**max. amplit. (dBµV/m)**	**rotation from 0 to (deg)**	**max. amplit. (dBµV/m)**
0	56.68	0	55.85

Abb. 10.4 Funkstörfeldstärke der Teststruktur des Oszillators mit Streifenleitung auf der Multi-layerleiterplatte

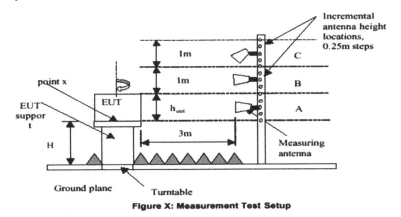

Abb. 10.5 Messung der Funkstörfeldstärke bei 3,2 GHz

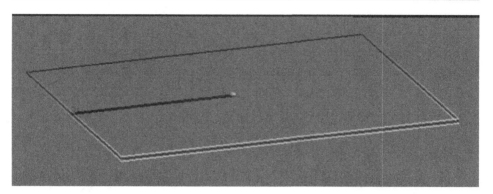

Abb. 10.6 Ansicht der simulierten Box

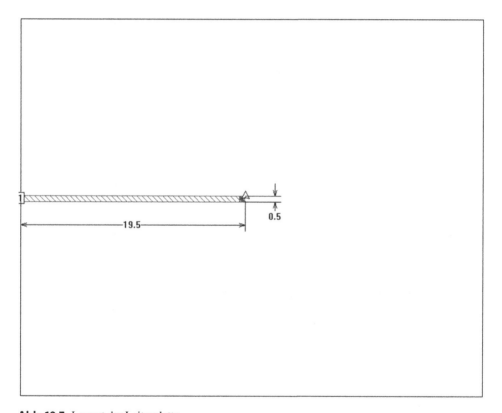

Abb. 10.7 Layout der Leiterplatte

Da nicht die Testleiterplatte insgesamt, sondern nur die zwischen VCC- und GND-
Layer ausbreitungsfähigen Moden simuliert werden sollen, wurden die Layer als Ober-
und Unterseite der Box angenommen. Die Höhe der Box entspricht also dem Abstand der
Layer, ca. 0,5 mm.

Abb. 10.8 Einstellungen der simulierten Box

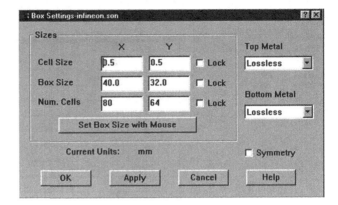

Abb. 10.9 Daten der dielektrischen Layer

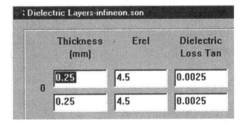

In der Box gibt es nur einen Layer, mit 0,25 mm dickem Dielektrikum darüber und darunter. Die Einspeisung erfolgt mittels einer Stripline, deren Ende in der Leiterplattenmitte zum Oberteil der Box durchkontaktiert ist.

Abbildung 10.6 zeigt eine 3D-Ansicht der Box und Abb. 10.7 zeigt die Leiterplatte.

Abbildung 10.8 und 10.9 zeigen Einstellungen zum verwendeten Raster und Daten der elektrischen Layer.

In den folgenden sechs Simulationen (Abb. 10.10, 10.11, 10.12, 10.13, 10.14 und 10.15) wurde die Permeabilität der dielektrischen Layer variiert.

Der Vergleich zwischen einer normalen Leiterplatte mit hoher Permeabilität und einer mit niedriger Permeabilität zeigt eine Verschiebung der Resonanzstellen zu niedrigen Frequenzen und erst ab 8 GHz eine geringe Zunahme der Reflektionsdämpfung.

Dagegen ist bei der Struktur mit Ferrit mit höherem Verlust schon ab 4 GHz eine brauchbare Dämpfung zu sehen, aber die Resonanzstellen unter 4,5 GHz sind ausgeprägter.

In der Simulation wurden μ' und μ'' drastisch erhöht, was sich in einer allgemein hohen Reflektionsdämpfung äußert. Auffällig ist jedoch die Resonanzstelle bei 3,5 GHz. Bei (annähernd) dieser Frequenz wurde auch bei Störaussendungsmessungen der höchste Peak festgestellt.

Wodurch diese Resonanzstelle trotz allgemein hoher Dämpfung zustande kommt, sollte noch untersucht werden.

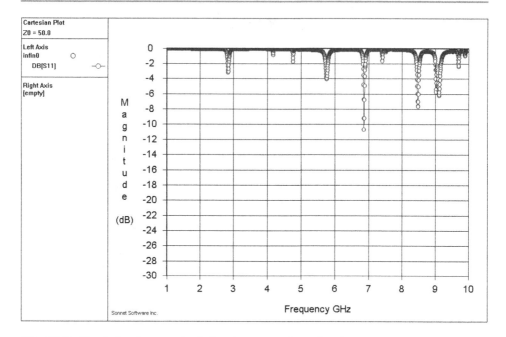

Abb. 10.10   Simulation der normalen Leiterplatte, $\mu_r = 1; \tan \delta = 0$

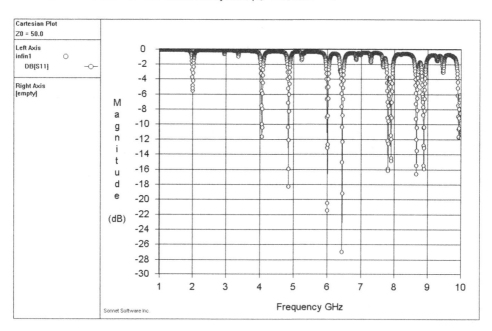

Abb. 10.11   Simulation der ferritbeschichteten Leiterplatte, $\mu_r = 2; \tan \delta = 0,0025$

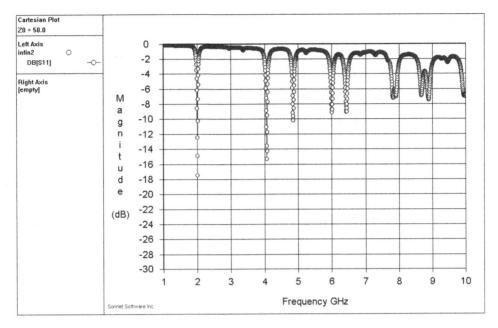

Abb. 10.12 Simulation der ferritbeschichteten Leiterplatte, $\mu_r = 2$; $\tan\delta = 0{,}01$

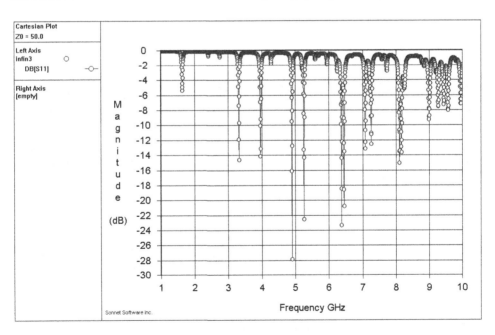

Abb. 10.13 Simulation der ferritbeschichteten Leiterplatte, $\mu_r = 3$; $\tan\delta = 0{,}0025$

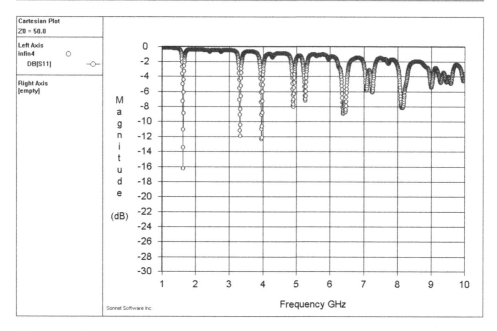

Abb. 10.14 Simulation der ferritbeschichteten Leiterplatte, $\mu_r = 3$; $\tan \delta = 0{,}01$

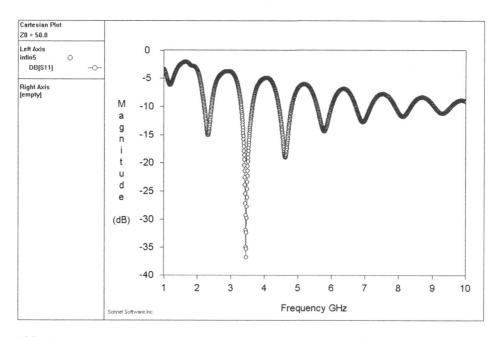

Abb. 10.15 Simulation der ferritbeschichteten Leiterplatte, $\mu_r = 10$; $\tan \delta = 0{,}1$

10.3 Auswertung

Bei ungefähr 3240 MHz wurde die Oberwelle der Störemission mit einer Funkstörfeldstärkemessanordnung vermessen. Es konnte festgestellt werden, dass der Wert der Minderung der Funkstörfeldstärke von Teststruktur mit Ferritschicht gegenüber der Teststruktur ohne Ferritschicht genau dem Wert der Reflektionsdämpfung entspricht.

$$\Delta E = E_1 - E_2$$

Die Störemission auf der Multilayerhöchstfrequenzleiterplatte konnte reduziert werden, wenn eine Ferritschicht von 200 nm eingefügt wird (vgl. Abb. 10.16, 10.17, 10.18 und 10.19).

Zusammenfassend kann zu den experimentellen Arbeiten die Gesamtaussage aus Abb. 10.20 eine reduzierte EMI-Störabstrahlung mit absorbierender Schicht von 3 bis 5 dB µV/m deklariert werden.

10.4 Zusammenfassung

Folgende wissenschaftlichen Ergebnisse wurden im Rahmen der diskutierten Kapitel erarbeitet. Die Wechselwirkungen der HF-Energie mit dem magnetischen Gitter der Dünnschicht wurden analysiert und Werkstoffdesignregeln erarbeitet. Nach diesen Vorgaben und theoretischen Richtungsführungen der neu evaluierten Natürlichen Spinwellentheorie konnten die Dünnschichten mit einem Dünnschichtverfahren abgeschieden werden. Mittels eines aufgebauten Messverfahrens der Magnetspektroskopie wurde die magnetische Struktur analysiert. Die HF-Parameter der Leiterplattenschicht wurden mittels der Reflektionsdämpfung und Transmissionsdämpfung bis 76 GHz vermessen.

Die EMV-Eigenschaft der neuartigen Testleiterplatte wurde vermessen und ein eindeutiger Verbesserungseffekt der Störemission festgestellt.

Der Stand der Technik beschreibt neue EMV-Hochfrequenz-pcb-Leiterplatten mit folgenden Eigenschaften:

- Einbringen von resistiven absorbierenden Laminaten
- Nutzung eines sinnvollen Schirmkonzeptes mit Ground
- Kupferschicht zwischen den Signallagen als Schirmung [1, 11]
- Aufbau einer breitbandigen Kapazität aus mehreren parallelen Kupferschichten mit definierten Prepregs als Entstörfilter
- Nutzung eines komplexen Impedanzkonzeptes der Mehrlagenleiterplatte mit Durchkontaktierungen als Anpassung an die Impedanz der Schaltung $\geq$ keine/wenig Resonanzstellen und Flusskoppelbedingungen für Störoberwellen
- Entwicklung von optimierten Striplinekonzepten (pcb-Leiterplatte) mittels Reduzierung der ausbreitungsfähigen Wellenmodi durch Anpassung der Streifenleitungsgeometrie.

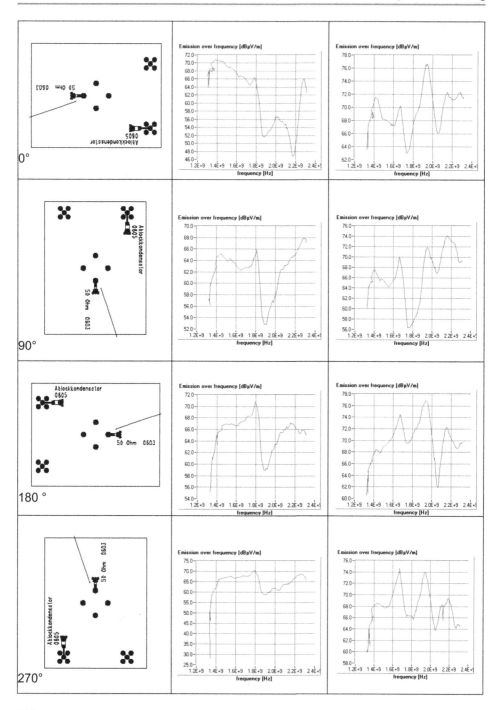

Abb. 10.16 EMI-Reduktionen der absorbierenden Leiterplatte, Polarisation 1

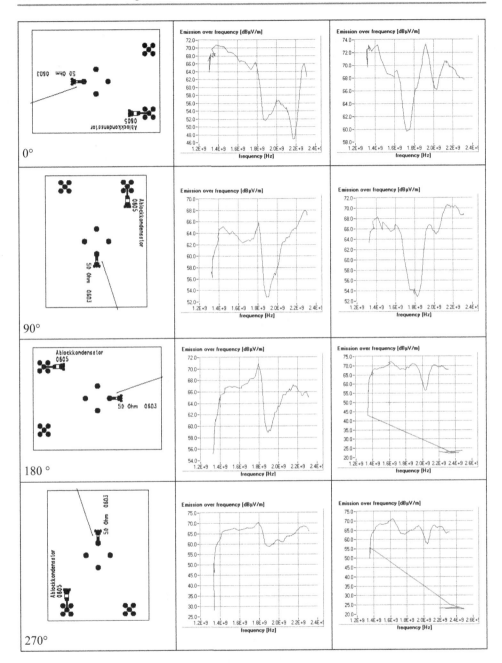

Abb. 10.17 EMI-Reduktionen der absorbierenden Leiterplatte, Polarisation 2

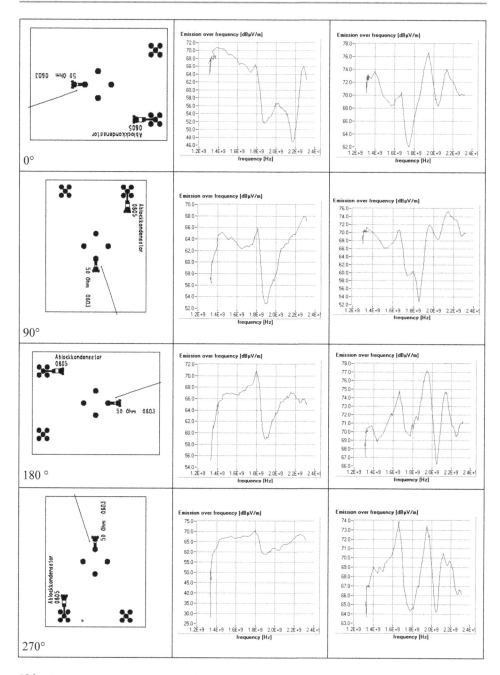

Abb. 10.18 EMI-Reduktionen mit absorbierenden Multilayer, Polarisation 1

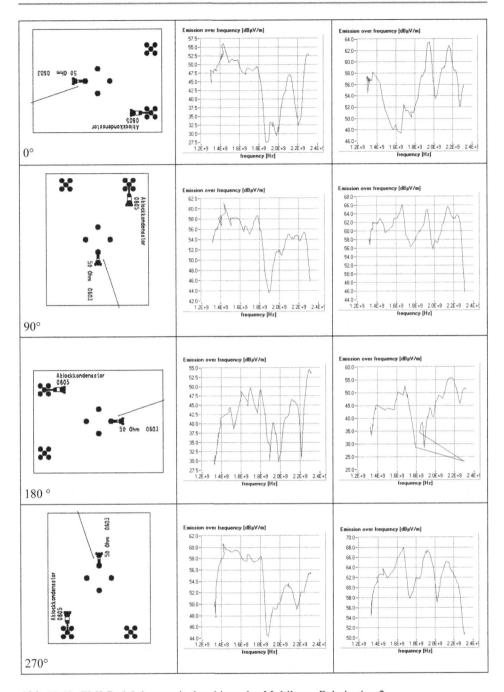

Abb. 10.19 EMI-Reduktionen mit absorbierenden Multilayer, Polarisation 2

Leiterplatte ohne Absorberschicht   Leiterplatte mit Absorberschicht

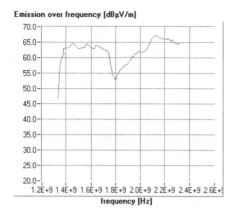
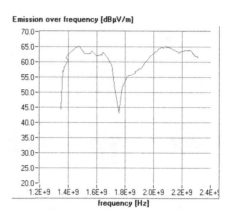

Abb. 10.20 Funkstörfeldstärke mit neuen Leiterplattenstrukturen

Dieser Stand der fortgeschrittenen EMV-Entwicklung von Leiterplatten scheint den „unökonomischen" Einsatz von zusätzlich absorbierenden Dünnschichtsystemen eindeutig zu verbieten. Folgende Fakten rechtfertigen jedoch die umfangreiche, dünnschichtphysikalische Synthese, Abscheidung und Analyse von dünnen ferrimagnetischen Schichten.

Resistive Materialien absorbieren nur bis maximal 600 MHz. Die in Beratung sich befindlichen EMV-Normen (Medizintechnik, Informationstechnik) werden im Prüfverfahren „Störfestigkeit gestrahlt" jedoch bis über 2000 MHz neue Materialien erfordern. Dieser Widerspruch wird mit den vorgestellten magnetischen Materialien gelöst. Magnetische Schichten arbeiten vorzugsweise in Frequenzbereichen > 1000 MHz.

Diese Einsatzfrequenzen erreichen absorbierende resistive Laminate nicht.

EMV-Regeln wie Abschirmzwischenschichten und kapazitive Entkoppelkupferschichten vermögen die Ausbreitung der Oberwellenmodi [2, 4] leicht zu dämpfen, jedoch energetisch nicht vollständig oder mit hohem Grad in andere Energieformen umzuwandeln.

Somit wurde dargelegt, dass der Stand der Technik in Bezug auf künftige EMV sich ständig ändert.

▶ **Schirmregel 11** Nutzt man absorbierende Leiterplattenzwischenschichten wie Ferrit mit einer µm-Dicke, so erhöht sich die Dämpfung.

Da Störaussendungsphänomene/Suszeptibilitätsphänomene durchaus unbefriedigend sind, ist die Entwicklung von neuartigen Dünnschichtferritsystemen für Frequenzen > 1000 MHz unbedingt notwendig.

In diesem Kapitel sollte a) eine absorbierende Schicht für die neuartigen Leiterplatten entwickelt werden und b) eine neuartige Multilayerleiterplatte mit absorbierenden Schichten für den EMV-Bereich entwickelt werden.

In den folgenden Betrachtungen soll eine kurze Einführung in die Effekte und Synthese von Spinwellen in ultradünnen ferritischen Filmen gegeben werden. Im Besonderen wird auf die EMV-Randbedingungen der dynamischen und statischen Feldeinwirkung eingegangen.

Es wird der theoretische Ansatz des NSWR genutzt. Neben der tabellarischen Auflistung der Spinwellenarten sind die folgenden Spinmodi wichtig zum Verständnis der Spinwellenausbreitung.

Wichtiger Unterschied von dünnen Schichten zu ultradünnen Schichten ist der Effekt, dass bei ultradünnen Filmen bei geringerer Schichtdicke der HF-Verlust steigt [17]. Ein weiterer Unterschied ist die fallende Permeabilität bei größeren Kristallkörnern der ultradünnen Schichten [16].

Es ist deutlich zu sehen, dass im unteren Frequenzbereich ab 1 GHz die Oberflächenmoden zu synthetisieren sind. Diese spielen im EMV-Fall eine wichtige Rolle.

Ultradünne Schichten besitzen als mesoskopische magnetische Materialien den weiteren Vorteil, dass der Absorptionseffekt weitgehend unabhängig von dem Einstrahlwinkel der dynamischen Feldstärke ist [1].

Diese interessanten physikalischen Effekte befinden sich seit 30 Jahren in immer stärkerer Betrachtung durch die Wissenschaft bzw. die Industrie.

10.4.1 Experimentelle Ergebnisse und Applikationen

In den folgenden Messgrafiken wurden ultradünne Schichten analysiert. Eine FeO-Schicht mit der Schichtfolge im unteren nm-Bereich stellt mit wachsender Schichtdicke des antiferromagnetischen Systems einen sehr vorsichtigen Vergleich des Experimentes mit der Theorie dar, auch wenn es sich nicht um kp Fe handelt. Magnetisch verhält sich das FeO wie ein superparamagnetisches System.

Die FeO-Schicht ist theoretisch wie eine Eisenschicht, je nach kritischer Schichtdicke in der sich die Kristallsysteme ändern, ein Spinellsystem. Deshalb ist der Vergleich der Experimentalergebnisse mit den theoretischen Betrachtungen gerechtfertigt.

Schichtfolge Es wurden einseitig mit unterschiedlichen Schichten versehene Si/SiO-Wafer mit folgender Bezeichnung beschichtet:

IPHT 4411 b: Folie/(Fe − 2 nm/Oxidation) 20× = rund 40–50 nm Schichtdicke

Als Vorüberlegung ist herkömmlich zu konstatieren, dass mit steigender Schichtdicke FeO eine Zunahme der Reflektionsdämpfung zu erwarten ist. Nach der Theorie ist eine maximale HF-Dämpfung zu erwarten.

Die realen magnetischen Kopplungsdämpfungen sind in den Abb. 10.21, 10.22 und 10.23 zu sehen. Die Transmissionsdämpfungen der Abbildungen zeigen einen eindeutigen Absorptionseffekt bis 1 dB. Für eine ultradünne Schicht ist 1 dB Absorption jedoch

Abb. 10.21 Transmissionsdämpfung einer Folie/(Fe –
2 nm Oxidation) 20× = rund
40–50 nm: Schichtdicke im
Frequenzbereich bis 12 GHz;
Flächenwiderstand 300 Ω/□

Abb. 10.22 Transmissionsdämpfung einer Folie/(Fe –
2 nm Oxidation) 20× = rund
40–50 nm: Schichtdicke im
Frequenzbereich bis 18 GHz;
Flächenwiderstand 300 Ω/□

Abb. 10.23 Transmissionsdämpfung einer Folie/(Fe
– 4 nm Oxidation) 10× =
rund 40–50 nm: Schichtdi-
cke im Frequenzbereich bis
12 GHz; Flächenwiderstand
rund 70 kΩ/□

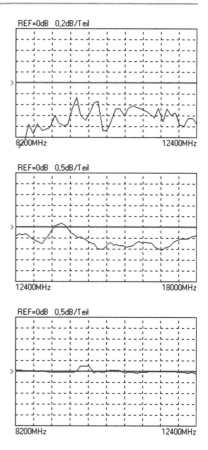

ein enormer Effekt. In Abb. 10.23 bricht die Transmissionsdämpfung einer ultradünnen
Schicht mit der gleichen gesamten Schichtdicke zusammen. Auf den ersten Blick wider-
spricht der Messeffekt den Erwartungen, da mit steigendem Flächenwiderstand auch der
Dämpfungsverlust ansteigen sollte. Jedoch, und dies stützt wieder die These von der noch
nicht eindeutiger Erforschung aller Effekte der Ultradünnschicht, ergibt sich hiermit eine
Erklärungsnotwendigkeit.

These: Zusatzkopplung Möglicherweise gibt es in den Schichten mit der geringeren
Oxidation und der geringeren Teilschichtdicke des Oxides genau die Wellenlänge ei-
nes zusätzlichen magnetischen Kopplungseffektes zwischen der Fe-Schicht 2 nm und der
Oxidschicht mit 2 nm, welcher additiv zu den Spinwellenresonanzverlusten wirkt.

Schirmdämpfung an Schichten für Leitungen   11

Ultradünne Schichten besitzen eine Schichtdicke von einigen Monolagen bis einigen nm ($d \approx 0,1$ bis $10\,\text{nm}$) [45]. Auch ultradünne magnetische Schichten besitzen eine mögliche Absorptionseigenschaft, wenn die elektrische Leitfähigkeit gering gehalten wird.

Eine ultradünne absorbierende Leitungsschicht einer Informationstechnikkoaxialleitung wird als Applikation betrachtet.

11.1 Messung mit Stripline

Der Messaufbau entsprach normativ der Striplinemethode. Die Messungen dienten der Darstellung der Unterschiede in der Abstrahlung zwischen der untersuchten Kabelvariante und dem Einfluss einer absorbierenden Umhüllung.

Von allen genannten Kabeln wurden Probenmuster mit einer mechanischen Länge von $100\,\text{cm}$ angefertigt. Diese wurden mit den erforderlichen Abschlüssen versehen und an einer Seite mit $50\,\Omega$ terminiert (Abb. 11.1).

Weitere alternative Messverfahren zur Schirmdämpfungsmessung von Leitungen können wie in Abb. 11.2 Triaxialmessverfahren sein.

In diesem Triaxialmessverfahren wird die Gesamtschirmdämpfung aus dem logarithmischen Verhältnis aus Außenschirmung (Messumgebung) und Innenschirmung/Innenkreis sein.

Somit ist die Schirmdämpfung des Kabels eine Dämpfung bezogen auf den Außenkreis. Die Schirmdämpfungsmessmethode legt die Messumgebung ebenso fest wie die Koaxmesszellenmethode u. a.

Die definierte Messumgebung ist in der mit einem $50\text{-}\Omega$-System abgeschlossenem Generator-Empfänger-Striplineanordnung zu sehen. In diesem „Fernfeldsystem" ist eine definierte Feldumgebung von E/H zu erwarten. Ebenso ist dieses System angepasst bis mindestens $2\,\text{GHz}$. Dies wurde im Smith-Diagramm nachgewiesen.

F. Gräbner, *EMV-gerechte Schirmung*, DOI 10.1007/978-3-658-10723-9_11

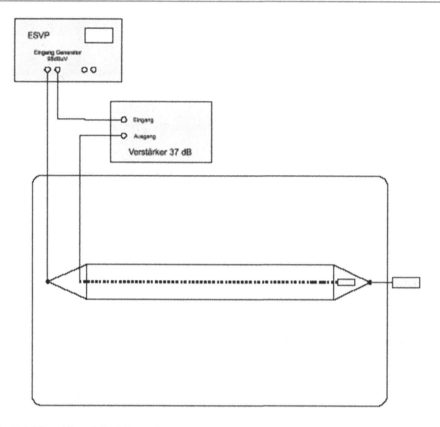

Abb. 11.1 Messskizze 5 des Messaufbaus

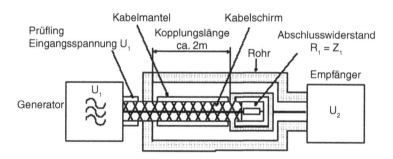

Abb. 11.2 Messskizze 6: Triaxialer Messaufbau für Schirmdämpfung

Genau in die Mitte des Streifenleiters wird nun das Kabelsystem mit 50-Ω-Abschluss und Messempfänger gelegt.

Die Kurve in Abb. 11.3 zeigt eine unbeschichtete Koaxialleitung, welche in der Stripline vermessen wurde.

Abb. 11.3 Schirmdämp-
fung der unbeschichteten
HF-Koaxleitung in einer Kupferstripline, angepasst von 1
bis 2 GHz

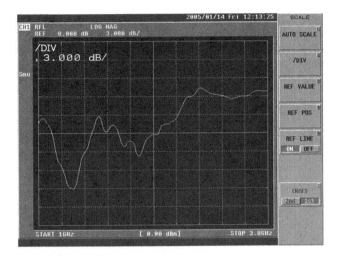

Abb. 11.4 Schirmdämp-
fung der beschichteten
HF-Koaxleitung in einer Kupferstripline, angepasst von 1
bis 2 GHz, Schicht Hematit
Schichtdicke 20 nm

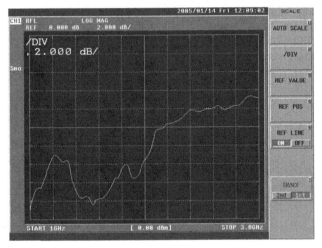

Als Ergebnis ist zu konstatieren, dass die beschichtete Koaxialleitung in bestimmten
Frequenzbereichen eine erhöhte Schirmdämpfung um 2 bis 3 dB bis 2 GHz aufzeigt. Bis
20 GHz sind bis zu 5 dB Schirmdämpfungserhöhung laut der Schichteigenschaft Absorptionsdämpfung zu vermuten (Abb. 11.4).

11.2 Anwendung: Flachbandkabel

Es ist gelungen, mittels des MF-Sputterverfahrens ferritische Schichten auf HF-Flach-
bandleitungen abzuscheiden. Die Schichtcharakteristik wies ein Multiphasensystem von
Eisen und Eisenoxyden auf. Mittels einer REM-Messung wurden Morphologieuntersuchungen durchgeführt. In der Magnetschicht wurden sehr grobe Kristalle nachgewiesen.

Abb. 11.5 Schirmdämp-
fung der unbeschichteten
HF-Koaxleitung RG58 mit
Kupferstripline

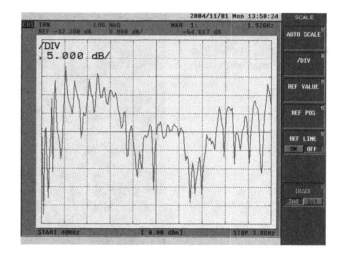

Abb. 11.6 Schirmdämp-
fung der beschichteten
HF-Koaxleitung RG58 mit
Kupferstripline

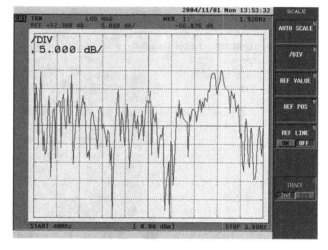

Genau in die Mitte des Streifenleiters wird nun das Kabelsystem mit 50-Ω-Abschluss und Messempfänger gelegt. Die Kurve in Abb. 11.5 zeigt eine unbeschichtete Koaxialleitung, welche in der Stripline vermessen wurde. In Abb. 11.6 ist die Schirmdämpfung einer beschichteten Koaxialleitung zu sehen.

11.3   Zusammenfassung

Es ist gelungen, mittels des MF-Sputterverfahrens ferritische Schichten auf HF-Koaxialleitungen abzuscheiden. Die Schichtcharakteristik wies ein Multiphasensystem von Eisen und Eisenoxyden auf. Mittels einer AFM Messung wurden Morphologieuntersuchungen durchgeführt. In der Magnetschicht wurden sehr grobe Kristalle nachgewiesen.

Es wurde eine fast linear anwachsende Reflektionsdämpfung von 0,6 dB ab 1000 MHz bis 5 dB bei 18.000 MHz gemessen. Die Schirmdämpfung konnte um 4 dB auf 50 dB bei 3,8 GHz erhöht werden. Zukünftige Arbeiten befassen sich mit ultradünnen Schichtsystemen für Multilayerleiterplatten, Leitungen, Gehäusen und Folien.

▶ **Schirmregel 12** Beschichtet man eine Metallaußenfläche eines Kabels mit einer Ferritschicht, so erhöht sich die Schirmdämpfung.

Textilschirmmaterial 12

Versuche der Wirksamkeit einer Laboreinlagerung von Ferritpartikeln (Korngröße $D_{50} = 50\,\mu m$) haben einen gut messbaren Absorptionseffekt von 4 dB ergeben.

Die Absorption soll mit einem sinnvollen Einlagerungsverfahren von Nanopulvern in das Textil erhöht werden. In Abb. 12.1 sind die ersten Messergebnisse von Vorversuchen eines HF-Textils mit Einlagerungen von Partikeln mittels eines Lackes zu sehen.

Die Transmissionsdämpfung ist die Dämpfung, die ein Material erfährt, wenn eine elektromagnetische Welle ein Material in eine Richtung durchdringt. Ist das Material nicht elektrisch leitfähig, dann kann die Wirkung der Transmissionsdämpfung nicht von der Reflektion herrühren, sondern von einer Absorption der elektromagnetischen Welle.

In Abb. 12.2, 12.3 und 12.4 ist ein eindeutiger Dämpfungseffekt bei nur einlagigem Material zu sehen. Das Nanopulver konnte im Vergleich mit dem gleichen Füllgrad des Mikropulvers im EMV-Textil keine besonderen Vorteile aufweisen.

▶ **Schirmregel 13** Wird ein leitfähiges bzw. Ferrit-beschichtetes Textil mehrlagig genutzt, so erhöht sich die Dämpfung.

Abb. 12.1 Transmission (Ref.: 0 dB) eines HF-Textiles mit eingelagerten Partikeln; die Einlagerung wurde mittels Lackiertechnik realisiert, Partikelgröße 40 μm

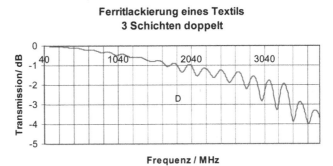

© Springer Fachmedien Wiesbaden 2016
F. Gräbner, *EMV-gerechte Schirmung*, DOI 10.1007/978-3-658-10723-9_12

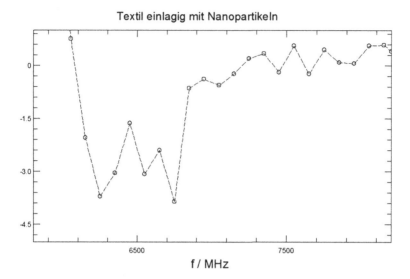

Abb. 12.2 Transmission (Ref.: 0 dB) eines Textils mit dispergierten magnetischen Nanopartikeln Fe$_2$O$_3$ (Korngröße $D_{50} = 9$ nm), Füllgrad Pulver 10 Ma-% im Textil

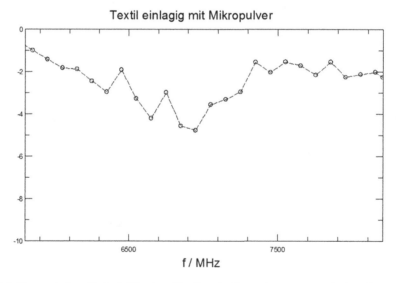

Abb. 12.3 Transmission (Ref.: 0 dB) eines Textils mit dispergierten magnetischen Nanopartikeln MnZn-Ferrit (Korngröße $D_{50} = 50$ μm), Füllgrad Pulver 10 Ma-% im Textil

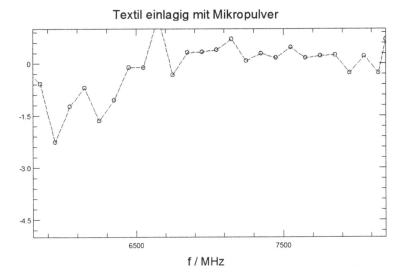

Abb. 12.4 Transmission (Ref.: 0 dB) eines Textils mit dispergierten magnetischen Nanopartikeln MnZn-Ferrit (Korngröße $D_{50} = 50\,\mu m$), Füllgrad Pulver 30 Ma-% im Textil

12.1   Zusammenfassung/Ausblick

Es wurde ein neuartiges EMV-Textil mit dispergierten magnetischen Partikeln aufgebaut. Dieses Textil ist in Abb. 12.5 zu sehen.

Ein eindeutiger Absorptionseffekt in einem einlagigen Textil von 5 dB konnte nachgewiesen werden. Dies insbesondere in einem Frequenzbereich von > 1 GHz. Demnach

Abb. 12.5 Mikroskopische Abbildung eines neuartigen EMV-Textils

Tab. 12.1 Technische Zieldaten eines einlagigen Textilstücks

Zielparameter	Wert
Schirmdämpfung	50 dB, 30–2000 MHz
Reflektionsdämpfung (Absorption)	5–15 dB (Hinweis: 20 dB Dämpfung entspricht einer %-Dämpfung von 90 %)
Diagonale Zugbelastung	< 45°
Scheuerfestigkeit nach DIN EN 12947-1	Belastung 1 kg, Dehnung 10 %, keine Beschädigung Außenfilament
Arbeitsschutz, Einführung	Direkte Hinweise mittels Recherche
Arbeitsschutzexperimente (genotoxische, zytotoxische)	Erst in einem Nachfolgeprojekt, da zu kostenintensiv und zeitintensiv

Tab. 12.2 Technische Zieldaten eines Textilkleidungsstücks

Zielparameter	Wert
Schirmdämpfung	30 dB, 30–2000 MHz
Reflektionsdämpfung (Absorption)	3–10 dB (Hinweis: 20 dB Dämpfung entspricht einer %-Dämpfung von 90 %)
Diagonale Zugbelastung	< 45°
Scheuerfestigkeit nach DIN EN 12947-1	Belastung 1 kg, Dehnung 10 %, keine Beschädigung Außenfilament
Arbeitsschutz, Einführung	Direkte Hinweise mittels Recherche
Arbeitsschutzexperimente (genotoxische, zytotoxische)	Erst in einem Nachfolgeprojekt, da zu kostenintensiv und zeitintensiv

kann das neue EMV-Textil für die Anwendungsbereiche Informationstechnik, Kommunikationstechnik, Arbeitsschutztextilien im Medizinbereich und anderen höherfrequenten Bereichen angewandt werden.

Das im Textil dispergierte Nanopulver konnte in diesem Frequenzbereich keine besonderen Vorteile gegenüber dem Mikropulver unter Beweis stellen.

Die Zielparameter in Tab. 12.1 und 12.2 sind anzustreben.

Textil (einlagig, mehrlagig, Tab. 12.1) Material an sich besitzt wegen der geringen Anzahl an Ausbrüchen eine höhere HF-Dämpfung als ein Applikationsprototyp – Kleidung.

Kleidungsstück (Pullover, Tab. 12.2) Mit mehrlagigen Textilien wird ein noch größerer EMV-Effekt vermutet.

In Zukunft werden Prototypen von großflächigen Textilmatten bzw. Umhänge/Pullover entwickelt und hergestellt. Es wird auf den Schutz vor eventuell toxischen Effekten der Nanopulver besonderer Wert gelegt.

Schirmdämpfung eines Drahtgeflechtes

Es sollen als schirmdämpfende Flächen keine vollständigen Flächen gegeben sein. Der Maschendraht als dämpfendes Gewebe soll als durchsichtiges Fenster in einer Gehäusewand betrachtet werden. Durch einen solchen Maschendraht soll eine Anzeige betrachtet werden und die Störoberwellen gedämpft werden.

Die vorgestellte Lösung gilt nur bis einige MHz. Die Maschenweite soll ebenso klein gegen die Wellenlänge sein (nach Durchanski [26])

$$S/\text{dB} = 20 \lg \frac{\frac{j\omega\mu_0}{\pi} \ln(a/d\,\pi) + R_\text{i}}{j\omega\mu_0 \frac{D}{a} + R_\text{i}} \tag{13.1}$$

D Abstand Sendequelle, Drahtgeflecht
δ äquivalente Leitschichtdicke
ζ spezifischer Widerstand
R_i innerer Scheinwiderstand
d Drahtdurchmesser.

Die Grafik zum Betrag der komplexen Schirmdämpfung ist in Abb. 13.1 zu sehen. Es ist prinzipiell eine exponentiell fallende Schirmdämpfung in Abhängigkeit von dem steigenden Maschendurchmesser festzustellen.

▶ **Schirmregel 14** Verkleinert man die Maschenweite eines Metallmaschendrahtes, so erhöht sich die Schirmdämpfung.

© Springer Fachmedien Wiesbaden 2016   169
F. Gräbner, *EMV-gerechte Schirmung*, DOI 10.1007/978-3-658-10723-9_13

Abb. 13.1 Darstellung des Betrages der theoretischen Schirmdämpfung in Abhängigkeit von der Maschenweite ($S_{max} = -27$ dB, $S_{min} = -10$ dB)

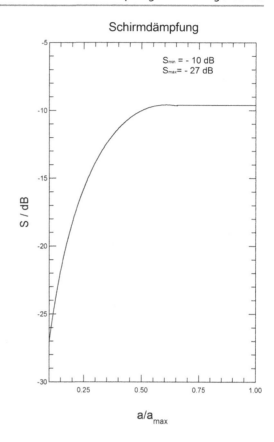

Teil III

Neuartige Zukunftsferrite – hexagonale Volumenmaterialien

Grundproblem der heutigen EMV-Ferrit-Entstörmaterialien

Für die neuen EMV-Probleme der Informationstechnik, Elektronik, Steuerungstechnik und Industrieelektronik gibt es auf dem Markt keine effektiv nutzbare EMV-Entstörferritmaterialien. Metalle haben deutliche Nachteile der Resonanzen, das heißt der Schirmdämpfungseinbrüche.

In Abb. 14.1 sind EMV-Störungen eines heutigen Prüflings dargestellt. Deutlich sind Frequenzen > 1 GHz zu sehen.

Die Entwicklung von noch nicht vorhandenen EMV-Entstörmaterialien für einen Frequenzbereich $f > 2$–9 GHz ist somit nach Abb. 14.1 wichtig für die zukünftige Elektronik [48–50], denn heutige EMV-Entstörferrite sind nicht für zum Beispiel PC-Technik mit CPU-Frequenzen von 2 bis 3 GHz ausgelegt.

In Abb. 14.2 ist die Anwendungsfrequenz von bekannten EMV-Entstörmaterialien zu sehen. Neuartige EMV-Entstörmaterialien der Jahre 2013 bis 2020 dienen als Ergänzung zu einem vorhandenen Metall bzw. einer vorhandenen Metallschicht, die zu Mehrfachreflektionen der HF-Strahlung führen. Oder sie stehen als Sintermaterialien wie SMD-Ferrite/Klappferrite zur Verfügung. Die Reflektionen können lokale Feldstärkeüberhöhungen innerhalb von elektronischen Geräten erzeugen und zu Störungen führen.

Die Nachteile von vorhandenen EMV-Materialien im Jahr 2013 werden mit neu zu entwickelnden EMV-Entstörmaterialien (keine Metalle) verbessert und diese Materialien arbeiten in den Frequenzbereichen, welche ab dem Jahr 2013 immer mehr eine Rolle spielen. Dies ist in Abb. 14.3 zu sehen.

Hintergrund ist dabei eine drastische Dämpfung durch die magnetische EMV-Entstörmaterialien in Form von Absorption der Mehrfachreflektion zu erhalten und somit diese zu reduzieren, die Wärmebildung gleichmäßig zu verteilen und dadurch für den Gerätebetrieb unschädlich zu machen.

© Springer Fachmedien Wiesbaden 2016
F. Gräbner, *EMV-gerechte Schirmung*, DOI 10.1007/978-3-658-10723-9_14

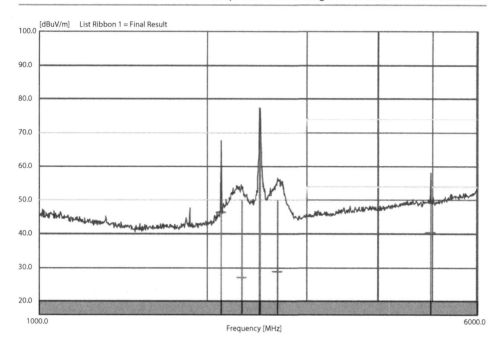

Abb. 14.1 EMV-Störfeldstärke eines Prüflings aus heutiger Zeit, Störfrequenzen bei 2,2 GHz, 2,6 GHz und rund 5 GHz. (Quelle: Messung des IMST in Kamp Lintfort)

Abb. 14.2 Nicht ausreichende Frequenzbandbreiten von 2013 vorhandenen EMV-Materialien für Störer > 2 GHz (CPU, höherfrequente Quarze, innere Oszillatoren), Resonanzfrequenz = 500 MHz

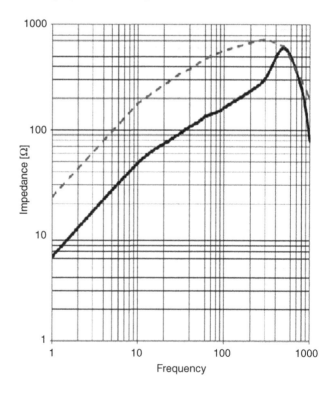

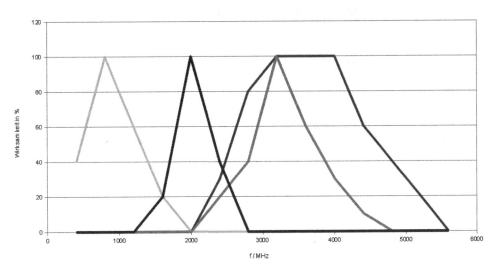

Abb. 14.3 Darstellung der Wirksamkeit von herkömmlichen EMV-Materialien und zukünftiger EMV-Materialien (*gelbe Linie* – Wirksamkeit heutiger EMV-Entstörmaterialien 2013, *blaue Linie* – EMV-Störer der Jahre 2014–2017, *rote Linie* – EMV-Störer der Jahre 2017–2020, *grüne Linie* – Wirksamkeit der EMV-Zukunftsmaterialien der Jahre 2013–2020)

14.1 Einleitung

Der zunehmende Betrieb von elektronischen Hochfrequenzgeräten führt zu einer zunehmenden HF-Belastung der bei der Entwicklung neuartiger Geräte sowie Informationstechnikgeräte Rechnung getragen werden muss. Dies kann durch den Einsatz hochfrequenzabsorbierender Materialien erfolgen. Hierdurch kann die **Betriebssicherheit erhöht** und die **Gefahr einer bewussten oder unbewussten Beeinflussung (EMV)** notwendiger Komponenten **reduziert** werden.

Diese HF-Reflektionen an metallischen Oberflächen können durch den Einsatz von Plattenmaterial entsprechender Wirkung [49] reduziert werden. Hierdurch wird die Funkstörfeldstärke an modernen Informationsgeräten (PC mit CPU 3 GHz, Industrie PC mit 2 GHz, GPS, Tablet, ...) bei Harmonischen der 3 GHz, bei Frequenzen > 6 bis 9 GHz liegen. In diesen Frequenzbereichen liegen die vorhandenen Ferrit-Entstörmaterialien nicht. Die Endfrequenzen sind bei den besten Sinterferriten (zum Beispiel von Würth) bei 1 bis 2 GHz.

Das ist das Problem, dass es für die neuen EMV-Probleme der Informationstechnik, nach den Normen der EMV, keine auf dem Markt vorhandenen EMV-Materialien für Absorption gibt.

Diese hexagonalen Ferrit-Materialien dienen als Ergänzung zu einem vorhandenen Metall bzw. einer vorhandenen Metallschicht, die zu Mehrfachreflektionen der HF-Strahlung führen [51]. Die Reflektionen können lokale Feldstärkeüberhöhungen innerhalb von elektronischen Geräten erzeugen und zu Störungen führen.

Ein vorhandenes EMV-Weichferritmaterial wirkt als Weichferrit auch bis in höchste Frequenzbereiche wie rund 100 GHz, jedoch nur mit 10 dB Absorption, da die Resonanzfrequenz des Weichferrites nicht für die Zukunftsfrequenzen ausreicht.

14.2   Theoretische Betrachtungen

Die theoretischen Betrachtungen sollen die Gefüge Eigenschaftsabhängigkeit der neuen Ferrit-EMV-Bauelemente zeigen.

Im Strukturbild (Abb. 14.4) ist die vereinfachte Kristallstruktur eines neuartigen Hexaferrit-EMV-Materials zu sehen. Beispiele dieser hexagonalen Struktur sind Ferrite des W-Typs, Y-Typs und Z-Typs. Klar zu sehen ist die anisotrope Struktur. Es gibt eine kristallographische Vorzugsachse [52]. Bei Ferriten dieses Kristalltyps ist die Anisotropiekonstante K_1 viel größer als bei Weichferriten.

Vertreter dieser Zukunftsferrite sind Bariumferrite, Strontiumferrite und zum Beispiel Kobaltferrite mit den unterschiedlichen Mischformen und Stöchiometrien [53].

Die Größen M (magnetisches Moment, M_0 Sättigungsmagnetisierung), H_{eff} (innere und äußere Magnetfeldstärken), μ (Permeabilität = Tensor), X (magnetische Suszeptibilität) und B (magnetische Flussdichte) sind komplexe, zeit-, frequenz- und ortsabhängige Größen.

Die Landau-Lifschitz-Gl. 14.1 mit Dämpfungsterm beschreibt stark vereinfacht das Absorptionsverhalten von Ferriten zum Beispiel:

$$\frac{\partial \vec{M}}{\partial t} = (\vec{M} \cdot \vec{H}_{\text{eff}}) - \frac{\alpha}{M_0}\left(\vec{M} \cdot \frac{\partial \vec{M}}{\partial t}\right) \tag{14.1}$$

Nach komplexen Umformungsschritten gilt das Gleichungssystem in Gl. 14.2 bis Gl. 14.4:

$$j\omega M_x = -2\omega_0 M_y + 2\omega_{\text{m}} H_y \tag{14.2}$$

$$j\omega M_y = 2\omega_0 M_x - 2\omega_{\text{m}} H_x \tag{14.3}$$

$$j\omega M_z = \gamma(M_y H_y - M_y H_x) \tag{14.4}$$

Abb. 14.4 Kristallstruktur eines hexagonalen Ferrites – Struktur der EMV-Zukunfts-Ferrite. (Quelle: [55])

hexagonal (hex) bzw. hexagonal dichtest gepackt (hdp)

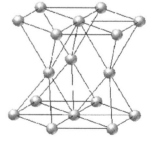

Unter Nutzung von:

$$\vec{B} = \overleftrightarrow{\mu}\,\vec{H} \tag{14.5}$$

γ Gyrotropiekonstante
ω Kreisfrequenz.

Die Absorption bei neuartigen Hexaferritmaterialien in Abhängigkeit vom Substitutionsgrad und unterschiedlicher Hexaferrite mit unterschiedlichen Strukturen und den daraus folgenden Resonanzfrequenzen ω_0 kann folgend beschrieben werden. Verzerrt man das Gitter von Co-Ti-substituierten Barium-Sr hexagonalen Ferriten so, dass eine stärkere Anisotropie entsteht, so erhöht sich auch die Anisotropiefrequenz und damit die Einsatzfrequenz der EMV-Ferrite [52].

Die Absorptionsabhängigkeit eines neuartigen Ferrit-Compounds vom Füllgrad, Resonanzfrequenz und von der Partikelform des Ferritkristalls ist in der Maxwell-Garnett-Formel zu sehen [54].

Maxwell-Garnett-Misch-Gesetz nach [54]:

$$\frac{X_{\text{eff}}}{1 + n X_{\text{eff}}} = p \frac{X_{\text{incl}}}{1 + n X_{\text{incl}}} \tag{14.6}$$

p Volumenanteil Ferrit in Compound
X_{eff} effektive magnetische Suszeptibilität des Compounds
X_{incl} magnetische Suszeptibilität des Ferrites
n Form-Faktor des Ferrites.

Im Ergebnis der theoretischen Betrachtungen sind folgende Thesen zu synthetisierenden neuen EMV-Entstörferriten für die Zukunft festzustellen:

1. **Substitutionsgrad/Resonanzfrequenz:** Für eine gute EMV-Entstöreigenschaft ist eine hohe Resonanzfrequenz des Ferrites notwendig. Dazu sollte im Hexaferrit der Zukunft ein solcher Substitutionsgrad im Kristall angestrebt werden, welcher eine hohe Anisotropie des Kristalls hervorruft. Dies ist nur über Hexaferrite gegenüber den heutigen Weichferriten möglich.
2. **Volumenanteil:** In einem Stoffgemisch, zum Beispiel einem Compound sollte ein möglichst hoher Volumenanteil Ferrit sein.

14.3 Experimentelle Untersuchung

In den experimentellen Untersuchungen wurde mit Transmissionsdämpfungsmessungen an einem Hohlleiter die HF-Verluste in nicht elektrisch leitenden Polymer-Ferrit-Folien bestimmt. Die Transmissionsdämpfungsmessung wurde von 5,8 bis 8,2 GHz durchgeführt.

Abb. 14.5 Transmissions-
dämpfung im Hohlleiter,
Bariumferritpolymerfolie ohne
MnZn-Ferrit, Wirkung = 6 dB.
(Quelle: Innovent Jena)

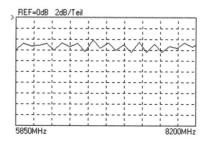

Abb. 14.6 Transmissionsdämpfung im Hohlleiter
Bariumferritpolymerfolie mit
MnZn-Ferrit, Wirkung bis
12 dB. (Quelle: Innovent Jena)

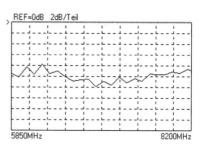

In den Abb. 14.5, 14.6 und 14.7 ist die Dämpfung der neuartigen Hexaferrit-EMV-Materialien dargestellt.

Eine Bariumferritpolymerfolie (Abb. 14.5) als neuartiges EMV-Entstörmaterial für die höheren Frequenzen besitzt einen HF-Verlust von rund 6 dB. Dicke des Materials war

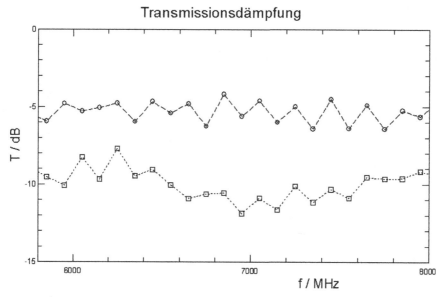

Abb. 14.7 Transmissionsdämpfung im Hohlleiter (*Kurve mit Rechtecken* – Bariumferrit-Polymerfol
mit MnZn-Ferrit, *Kurve mit Kreisen* – Bariumferrit-Polymerfolie ohne MnZn-Ferrit, Referenzlinie
0 dB)

S11 loss

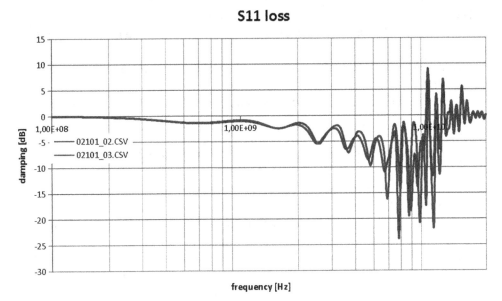

Abb. 14.8 S_{11}-Verlustdämpfung der Proben aus Abb. 14.7. (Quelle: Messung Würth Electronic)

S12 loss

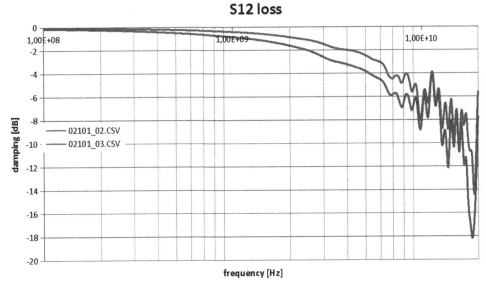

Abb. 14.9 S_{12}-Verlustdämpfung der Proben aus Abb. 14.7. (Quelle: Messung Würth Electronic)

nur 1 mm. Von der roten Referenzgeraden ist der Messwert nach unten in den Minus-dB-Bereich zu lesen.

Bei der Auswertung der Experimente ist festzustellen, dass alle Folienarten mit eingemischtem neuartigem EMV-Hexa-Ferrit reproduzierbar in den hohen Frequenzbereichen von 5000 bis 8000 MHz gute Dämpfungswerte aufweisen.

Die optimale Mischung stellte ein Material mit Hexaferritpulver vermischt mit MnZn-Ferrit dar. Dieses Material wies bei einer Foliendicke von 1 mm eine **gute Wirkung von 12 dB** auf.

Messungen bis 20 GHz ergaben sogar Dämpfungseffekte von **sehr guter Wirkung von bis zu 20 dB**.

Die Messergebnisse der S_{11}- und S_{12}-Messungen sind in Abb. 14.8 und 14.9 zu sehen.

14.4 Zusammenfassung neuartige Hexaferrite der Zukunft

Es ist in diesem Artikel die Notwendigkeit der Nutzung neuer EMV-Ferrite nachgewiesen worden, da auf dem Markt die vorhandenen weichmagnetischen Ferrite – wegen der Kristallstruktur – nicht die Möglichkeit haben, die EMV-Störer der Zukunft in Frequenzbereichen > 3000-MHz zu erreichen, dass neuartige EMV-Entstörhexaferrite zu nutzen sind.

Mit theoretischen Betrachtungen wurde nachgewiesen, dass ein spezieller Substitutionsgrad wichtig ist (die Folge sollte eine hohe Anisotropie und damit hohe Einsatzfrequenz sein) und ein hoher Füllgrad von hexagonalen Ferriten dazu notwendig ist.

Erste experimentelle Untersuchungen zeigten gute Dämpfungen einer sehr dünnen Folie von 1 mm Dicke mit 12 dB bei Anwendung eines neuartigen EMV-Hexaferrites auf.

Interessant ist die Vergleichsprobe der Ferritmischung aus Bariumhexaferrit und MnZn-Ferrit. Es ist ein höherer HF-Verlust auch im interessanten Frequenzbereich von 5000 bis 8000 MHz dieser Ferritmischung gegenüber dem reinen hexagonalen Ferrit zu konstatieren.

Damit ist ein sehr großer Bereich von Anwendern und Anwendungsbereichen gegeben: PC-Technik, DSP, Gbit-Switch-Technik, Funkanwendungen WLAN, Industrie-PC-Technik.

Es ist dringend notwendig, den Übergang von den heute nicht mehr in allen Technikgebieten wirkenden weichmagnetischen EMV-Ferriten zu den vorgestellten neuartigen EMV-Hexaferriten zu finden.

Anhang: Formelwerk Schirmung

15

EMV-gerechte Schirmung, Praxisbeispiele-Gerätedesign,
Magnetmaterialien für die Schirmung

15.1 Grundgesetz der elektromagnetischen Schirmung nach Schelkunov

$$S = A + R + M \tag{15.1}$$

S Gesamtschirmdämpfung eines Material
A Dämpfung durch Absorption der elektromagnetischen Welle
R Dämpfung durch Reflektion der elektromagnetischen Welle am Material
M Dämpfung durch multiple Reflektion im Material.

Literaturhinweise: [56, 63].

15.2 Schirmung gegen magnetostatische Felder

Kugelschirm

$$a_s = 20 \lg \left(1 + \frac{2}{3} \mu_r \frac{d}{r_i} \right) \tag{15.2}$$

a_s Schirmdämpfung
d Schirmdicke des Kugelschirms
r_i Innenradius.

Literaturhinweis: [62].
    In Abb. 15.1 ist eine sehr hohe Schirmdämpfung zu sehen.

© Springer Fachmedien Wiesbaden 2016
F. Gräbner, *EMV-gerechte Schirmung*, DOI 10.1007/978-3-658-10723-9_15

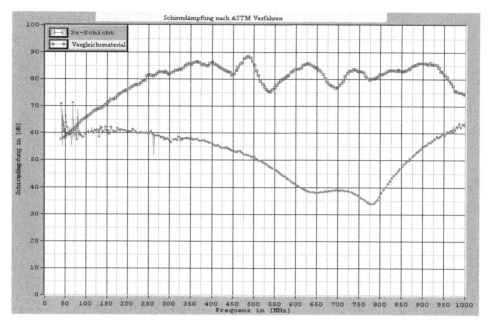

Abb. 15.1 Beispiel für eine herausragende Schirmdämpfung durch eine Zinkschicht

15.3   Schirmung gegen elektrostatische Felder

Kugelschirm

$$a_\mathrm{s} = 20\lg\left(1 + \frac{2}{3}\varepsilon_\mathrm{r}\frac{d}{r_\mathrm{i}}\right)\tag{15.3}$$

a_s Schirmdämpfung
d Schirmdicke des Kugelschirms
r_i Innenradius.

Literaturhinweis: [62].

15.4   Schirmung gegen quasistatische Magnetfelder

Kugelschirm

$$a_\mathrm{s} = 20\left|\cosh(kd) + \frac{1}{3}\left(K + \frac{2}{K}\right)\sinh(kd)\right|\tag{15.4}$$

a_s Schirmdämpfung
d Schirmdicke des Kugelschirms
k Wellenzahl.

Literaturhinweis: [57].

15.5 Schirmung gegen magnetische Wechselfelder (Skineffekt)

$$a_\mathrm{s} = 20\lg(\mathrm{e}^{\frac{d}{\delta}}) \tag{15.5}$$

mit:

$$\delta = \frac{1}{\sqrt{\pi f \mu k}}$$

und:

$$\mu = \mu_0 \mu_\mathrm{r}$$

a_s Schirmdämpfung

d Schirmdicke

δ Eindringtiefe

k elektrische Leitfähigkeit

f Frequenz.

Literaturhinweis: [62].

15.6 Erweitertes Schirmungsgesetz nach Schwab

Reale Schirmdämpfung eines technischen Aufbaus mit Diskontinuitäten

$$S = A + R + B + K_1 + K_2 + K_3 \tag{15.6}$$

S Gesamtschirmdämpfung eines Material

A Dämpfung einer einzelnen Öffnung

R Korrekturterm für Mehrfachreflektionen

K_1 Korrekturterm für die Anzahl der Öffnungen

K_2 Niederfrequenz-Korrektur

K_3 Korrekturterm für Strahlungskopplungen zwischen den Öffnungen.

Literaturhinweis: [57].

15.7 Absorptionsdämpfung

$$A_{[\mathrm{dB}]} = 131{,}4d\,\sqrt{f\mu_\mathrm{r}\,\sigma_\mathrm{r}} \tag{15.7}$$

A Absorptionsdämpfung

f Frequenz

d Dicke des Materials

μ_r relative Permeabilität

σ_r relative elektrische Leitfähigkeit.

Literaturhinweis: [57].

15.8   Multiple Reflektionsdämpfung

Falls $A < 10\,\mathrm{dB}$ beträgt, dann erhält die multiple Reflektionsdämpfung eine höhere Bedeutung.

$$B_{[\mathrm{dB}]} = 20\lg\left|1 - \mathrm{e}^{-2d\sqrt{\mu\pi f\sigma}}\,\mathrm{e}^{-2\mathrm{j}d\sqrt{\mu\pi f\sigma}}\right| \tag{15.8}$$

B multiple Reflektionsdämpfung
f Frequenz
d Dicke des Materials
μ_r relative Permeabilität
σ_r relative elektrische Leitfähigkeit.

Literaturhinweis: [57].

15.9   Schirmungdämpfung in Abhängigkeit von der Oberflächenleitfähigkeit

Diese Schirmdämpfungsformel gilt für dünne Schichten. Die Oberflächenleitfähigkeit wird mit Flächenmessungen ermittelt.

$$S_{[\mathrm{dB}]} = 20\lg\left(1 + 0{,}5\,d\,Z_0\,\sigma\right) \tag{15.9}$$

S Schirmdämpfung
d Dicke des Materials
σ Oberflächenleitfähigkeit
$Z_0 = 377\,\Omega$.

Literaturhinweis: [59].

15.10   Erweitertes Schirmdämpfungsgesetz nach Perumalraj und Dasaradan [58] unter Beachtung realer Aperturen von Drahtaufbauten realer Schirme mit Löchern

Das erweiterte Schirmdämpfungsgesetz nach Perumalraj und Dasaradan [58] bezieht sich streng genommen nur auf hoch leitfähige Textilien, kann jedoch auch auf allgemeine hochleitfähige technische komplexe Oberflächen erweitert werden.

$$S = A + R + B + K_1 + K_2 + K_3 \tag{15.10}$$

A Dämpfung verursacht durch partielle Diskontinuitäten in dB

$$A = 27{,}3 \left(\frac{d}{w} \right) \text{ dB}$$

d Tiefe einer Öffnung in cm
w Breite einer Öffnung in cm, parallel zum E-Feldvektor
R Reflektionsdämpfungsterm einer Öffnung in Abhängigkeit von der Impedanz der einfallenden Welle und der Fläche der Öffnung

$$R = 20 \lg((1 + 4K_2)/4K)$$

$K = \mathrm{j}6{,}69 \cdot 10^5 \, f \, W$ für ebene Wellen und rechteckige Öffnungen
f Frequenz in MHz
B multiple Reflektion

$$B = 20 \lg \left(1 - \frac{(K-1)^2}{(K+1)^2} \right) 10^{A/10}$$

$A < 15 \, \text{dB}$
K_1 Korrekturterm für eine große Anzahl an Öffnungen
Gilt für eine große Entfernung HF-Quelle von der rechteckigen Öffnung.

$$K_1 = -10 \lg(an) \quad \text{in dB}$$

a Fläche für jede Öffnung in cm^2
n Anzahl der Löcher je cm^2
K_2 Dämpfung hervorgerufen durch die Skintiefe
Kommt die jeweilige Skintiefe in die Nähe des Durchmessers des Drahtes/Textiles, dann wirkt dieser Effekt.

$$K_2 = -20 \lg \left(1 + 35 p^{\frac{2}{3}} \right) \quad \text{in dB}$$

p Durchmesser eines Drahtgeflechtes oder leitfähigen Textilgewebes/Skin Tiefe
K_3 Dämpfung hervorgerufen durch Kopplung zwischen den Löchern/Öffnungen einer Fläche
Die Kopplung zwischen periodischen Löchern und einer Öffnung in der Fläche wird betrachtet. Bedingung für diesen Korrekturterm ist, dass die Tiefe der periodischen Löcher klein ist, gegenüber der Öffnung der Fläche.

$$K_3 = -20 \lg \left(\coth \left(\frac{A}{8{,}686} \right) \right) \quad \text{in dB}$$

Literaturhinweis: [58].

15.11   Schirmdämpfung von Löchern und Aperturen

a. Durchmesser eines Loches $d >$ Dicke des Materials t

$$\text{Einzelloch: } S = 20\lg\left(\frac{\lambda}{2d}\right) \quad \text{Mehrfachloch: } S = 20\lg\left(\frac{\lambda}{2d}\right) - 10\lg(n) \quad (15.11)$$

t Dicke des Materials
d Durchmesser des Loches
n Anzahl der Löcher.

b. Durchmesser eines Loches/Schlitzes $d >$ Dicke des Materials t
   Gilt nach Wellenleiterprinzip

$$A = 27{,}3(t/w) \qquad\qquad (15.12)$$

w Länge eines Schlitzes
A Absorptionsverlust.

Literaturhinweis: [60].

15.12   Nahfeldreflektionsdämpfung R an einer ebenen Platte

a. E-Felder

$$R = 20\lg(4500/(rfZ)) \qquad\qquad (15.13)$$

r Entfernung, $r < \lambda/6$
Z Impedanz des Schirmmaterials.

b. H-Felder

$$R = 2rf/Z \qquad\qquad (15.14)$$

r Entfernung, $r < \lambda/6$
Z Impedanz des Schirmmaterials.

Literaturhinweis: [61].

15.13 Schirmdämpfungsgesetz unter Beachtung des Wellenleitereffektes und Aperturen nach Tee Tang [61], Nahfelder, Fernfelder

a. E-Nahfeld-/Fernfeld-Reflektion

$$R_{[dB]} = 20\log_{10}\left(\underbrace{\frac{120\cdot\pi}{4Z_s}}_{\text{Fernfeld}} \cdot \underbrace{\frac{\lambda}{2\pi r}}_{\text{Nahfeld}}\right) \tag{15.15}$$

b. H-Nahfeld-/Fernfeld-Reflektion

$$R_{[dB]} = 20\log_{10}\left(\underbrace{\frac{120\cdot\pi}{4Z_s}}_{\text{Fernfeld}} \cdot \underbrace{\frac{2\pi r\lambda}{\lambda}}_{\text{Nahfeld}}\right) \tag{15.16}$$

In Abb. 15.2 ist der Apertureffekt sichtbar, in Abb. 15.3 ein Absorptionseffekt bei Wellenleitern mit Aperturen.

An realen Aperturen an Wabenfiltern mit N (Anzahl der Löcher), l (Durchmesser der Wabenlöcher) und t (Tiefe der Wabenlöcher, $t \geq 3 \cdot l$).

$$S_{[dB]} = A + R + R_r \tag{15.17}$$

$S_{[dB]}$ Schirmdämpfung
A Absorptionsdämpfung
R Reflektionsdämpfung
R_r multiple Reflektion.

$$A_{[dB]} = 131{,}4t\sqrt{(f\mu_r\sigma_r)}$$

Fernfeld $R_{[dB]} = 168 - 10\lg[f(\mu_r/\sigma_r)]$

Nahfeld E $R_{[dB]} = 20\lg[4500/(rfZ_S)]$

Nahfeld H $R_{[dB]} = 20\lg[2rf_{[MHz]}/Z_S]$

$$R_{r\,[dB]} = 20\lg[1 - \exp(-\{2t/\delta\})]$$

δ Skintiefe.

Aperturen

$$S_{[dB]} = 20\lg(\lambda/2l) - 10\lg(N) + 27{,}3t/l$$

Literaturhinweis: [61].

Abb. 15.2 Nahfeld- und
Fernfeld-Reflektion. Schirm-
dämpfung unter Beachtung des
Wellenleiter/Apertureffektes.
(Quelle: nach Tee Tang)

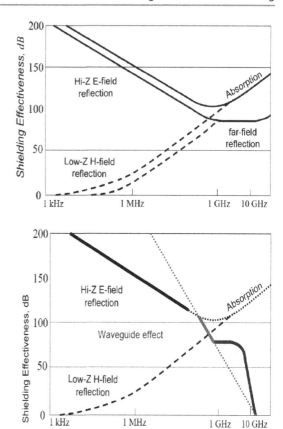

Abb. 15.3 Schirmdämpfung
unter Beachtung der Wellenlei-
tertheorie und der Aperturen.
(Quelle: nach Tee Tang)

15.14   Cut-off-Frequenz von Länge und Tiefe von Rechteckstrukturen (wellenleiterähnlich)

Eine Cut-off-Frequenz ist eine Grenzfrequenz, ab der die Schirmdämpfung stark auf Null abfällt.

In Wellenleitergeometrien (Metallgehäuse mit Schlitzen und Einführungen) ist diese Cut-off-Frequenz von der Breite der Schlitze und Tiefe der Einführung abhängig [66].

Der Einbruch der Schirmdämpfung in Abhängigkeit von der Breite des Schlitzes und der Tiefe der Einführung ist in Abb. 15.4 zu sehen.

Nach Radu [66]:

$$f_c \, [\text{GHz}] = 5{,}9/g \, [\text{inch}] \tag{15.18}$$

$$S_{E\,[\text{dB}]} = 27{,}2 d/g \tag{15.19}$$

f_c Cut-off-Frequenz
S_E Schirmdämpfung
g Breite der Schlitze
d Tiefe der Einführung.

Abb. 15.4 Abhängigkeit des Einbruchs der Schirmdämpfung von der Breite und Tiefe von Schlitzen in Gehäusen. (Quelle: nach Radu [66])

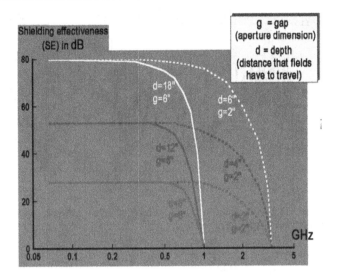

15.15   Eckeneffekt

In der Nähe von Spitzen außerhalb von Gehäusen gibt es eine Feldstärkeüberhöhung des HF-Feldes [65]. Demgegenüber ist im Inneren von Gehäusen in der Nähe der Ecken ein Minima der Feldstärke und auch der Schirmdämpfung.

15.16   Transiente Schirmdämpfung

Neben den Sinus-Oberwellen der Funkstörfeldstärke ist es auch möglich, dass die Störquellen Impulscharakter haben. Die Impulsfelder sollten ebenso geschirmt werden, um eine Störung der elektrischen/elektronischen Systeme zu verhindern.

Nach Herlemann und Koch [64] ist die transiente Schirmdämpfung wie folgt zu berechnen:

$$S_E = 10 \log_{10} \left(\frac{2 \int_0^\infty S^2 \omega \, d\omega}{\int_0^\infty S^2 \omega \left(\frac{E_s^2}{E_u^2} + \frac{H_s^2}{H_u^2} \right) d\omega} \right) \text{ dB} \qquad (15.20)$$

S Spektraldichteverteilung
E_s elektrische Feldstärke mit Schirm
E_u elektrische Feldstärke ohne Schirm
H_s magnetische Feldstärke mit Schirm
H_u magnetische Feldstärke ohne Schirm
S_E transiente Gesamtschirmdämpfung.

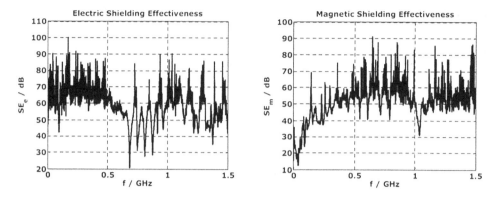

Abb. 15.5 Magnetische und elektrische transiente Schirmdämpfung. (Quelle: nach Koch/Herlemann [64])

In Abb. 15.5 ist eine magnetische und elektrische Schirmdämpfung einer Impulserregungsquelle zu sehen.

15.17   Schirmregeln

▶ **Schirmregel 1**   Mit magnetischen Nanoschichten wie Eisen sind im NF-Bereich bis 30 MHz Schirmdämpfungen bis 10 dB realisierbar.

▶ **Schirmregel 2**   Mit magnetischen Laminaten wie Eisenoxyd in Kautschuk sind im NF Bereich bis 30 MHz Schirmdämpfungen bis 25 dB realisierbar.

▶ **Schirmregel 3**   Mit Doppelschirmungen sind größere Schirmdämpfungen zu erreichen als mit Einzelschirmungen.

▶ **Schirmregel 4**   Im Sinne einer hohen magnetischen Abschirmwirkung ist es bei einem Doppelschirm effektiver die Innenschirmdicke zu erhöhen.

▶ **Schirmregel 5**   Einmischungen von Ferriten, Eisen, Cu oder Titanaten in Polymergehäusen erhöhen die Schirmdämpfung um 30 bis 40 dB.

▶ **Schirmregel 6**   Einmischungen von Ferriten oder Titanaten in Polymergehäusen minimieren die Resonanzen.

▶ **Schirmregel 7**   Auch partielle Nutzung von absorbierenden Materialien dämpft die Einbrüche der Schirmdämpfung (Resonanzen).

▶ **Schirmregel 8** Um so mehr Teilmaterialien man nutzt, umso größer ist der Schirmeffekt.

▶ **Schirmregel 9** Das Material Polymer mit Ferritmischung besitzt eine größere Schirmdämpfung als Gehäuse als eine Polymer Kohlefasermischung.

▶ **Schirmregel 10** Ein Metallgehäuse mit Laminatinnenauskleidung mit Kautschuk Ferrit besitzt ab 1 bis 2 GHz eine sehr gute Dämpfung.

▶ **Schirmregel 11** Nutzt man absorbierende Leiterplattenzwischenschichten wie Ferrit mit einer µm Dicke, so erhöht sich die Dämpfung.

▶ **Schirmregel 12** Beschichtet man eine Metallaußenfläche eines Kabels mit einer Ferritschicht, so erhöht sich die Schirmdämpfung.

▶ **Schirmregel 13** Wird ein leitfähiges bzw. mit Ferrit beschichtetes Textil mehrlagig genutzt, so erhöht sich die Dämpfung.

▶ **Schirmregel 14** Verkleinert man die Maschenweite eines Metallmaschendrahtgeflechtes, so erhöht sich die Schirmdämpfung.

▶ **Schirmregel 15** Schirmt man hochenergetisch gepulste Magnetfelder mit zum Beispiel hochpermeablen Materialien, so verringert sich die Schirmdämpfung da die äußeren Schichten der Schirmung gesättigt sind.

▶ **Schirmregel 16** Umso breiter der Schlitz und geringer die Tiefe des Schlitzes in Gehäusen nach Gl. 15.20 in Abschn. 15.16 sind, umso kleiner wird die Cut-off-Frequenz und umso geringer die Schirmdämpfung sein. Beim Design von Gehäusen sollte somit ein Schlitz eine so geringe Breite wie möglich und eine möglichst große Tiefe der Einführung aufweisen.

▶ **Schirmregel 17** Im Inneren von Metallgehäusen sind in der Nähe der Ecken Schirmdämpfungseinbrüche. An diesen Orten ist ein Minima der Schirmdämpfung und es sollten im Inneren von Gehäusen in der Nähe der Ecken keine empfindlichen Bauteile und Baugruppen sich befinden.

▶ **Schirmregel 18** Bei der transienten Schirmdämpfung sind die Grundregeln der Schirmung wie möglichst dickes Schirmmaterial, möglichst Nutzung von elektrisch leitfähigem Schirmmaterial bei elektrischen Störfeldstärken, möglichst Nutzung von hochpermeablem Schirmmaterial bei magnetischen Störfeldstärken und die geometrischen Regeln wie wenig Öffnungen und Schlitzen bei Gehäusen zu beachten.

Literatur

1. Kachachi, H.; Garanin, D.: Magnetic nanoparticles as many-spin systems. Preprint Elsevier Science, 29.10.2003, arXiv:cond-matter/0310694v1

2. Gubotti, G. et al.: Spin wave eigenmodes of quare permalloy dots studied by Brillouin light scattering. Journal of Magnetism and Magnetic Materials 316 (2007) e 338-e34

3. Guskos, M.; Typek, D.: FMR study of FeO magnetic nanoparticles in a multiblock poly(ether-ester) copolymer Matrix. Material Science Poland, Vol. 23, No.4, 2005

4. Guskos, M.; Typek, D.: FMR study of agglomerated nanoparticles in Fe3C/C Mayniaksystem. Material Science Poland, Vol. 23, No. 4, 2005

5. Jamet, M. et al.: Magnetic Anisotropy. Physical Review B 69, 024401 (2004)

6. Nogues, P.; Sort, F.: Exchange bias in nanostructures. physics reports 422(200 Langlais 117, Elsevier, science@direct

7. Sobon, M.; Lipski, E.: FMR Study of Carbon Coated Cobalt Nanoparticles Dispersed in PARAFIN. Rev. Adv. Mater. Sci. 14 (2007) 11–16

8. Chen, Y.; Sakai, T.: Oriented barium hexaferrite thick films with narrow ferromagnetic resonance linewidth. Applied Physics Letter 88, 062516 (2006)

9. Willard, M. A. et al.: Chemically prepared magnetic nanoparticles. International Materials Reviews, 2004, Vol. 49

10. Smithells, L.: Metals Reference Book. Butterworth 1992

11. Amado, M. M.: J. Appl. Phys. 83, 6852 (1998)

12. Ponemorenko, N.: Principles of design and methods of fabrication of wide range microwave shielding and absorbing type: Trans. On emc IEEE, 1998

13. Krupicka, K.: Physik der Ferrite und der verwandten Oxyde: Vieweg, Braunschweig 1975

14. Hartmann, H.: Magnetisch abbildende Rastersondenverfahren. Magnetische Schichtsysteme: Schriften des FZ Jülich ISBN 3-89336-235-5 Bd: 2, B7, 1999

15. Grünberg, D.: Zwischenschichtaustauschkopplung. Magnetische Schichtsysteme: Schriften des FZ Jülich ISBN 3-89336-235-5, Bd. 2, B9, 1999

16. Michalowsky, L.: Neue keramische Werkstoffe. Deutscher Verlag für Grundstoffindustrie, Leipzig, Stuttgart 1994

17. Schäfer, R.: Magnetische Mikrostrukturen. Magnetische Schichtsysteme: Schriften des FZ Jülich ISBN 3-89336-235-5 Bd. 2, B6, 1999

© Springer Fachmedien Wiesbaden 2016
F. Gräbner, *EMV-gerechte Schirmung*, DOI 10.1007/978-3-658-10723-9

18. Zhang, Y.; Hammel, L.: Observation of magnetic resonance in a microscopic sampe. Appl. Phys. Lett. 68 (14), 1. Apr. 1996, S. 2005

19. Kummer, M.: Grundlagen der Mikrowellentechnik. VEB Verlag Technik, Berlin, 1980, S. 126

20. Hillebrands, J.: Spindynamik in magnetischen Schichten und Vielfachschichten. Forschungsreport 1998, Universität Kaiserslautern, FB Physik Internet

21. Demokritov, D.: Brillouin: Light Scattering Studies of Confined Hillebrands Spin Waves. Physics Report 348 (2001) 441–489 Elsevier Verlag

22. Demokritov, D.: Light Scattering From Spin Waves in Quantom Dots. Vortrag an der Universität Kaiserslautern, AG Magnetismus

23. Lutsev, L. V.: Proceedings of the XVII International School-Workshop „Novel Magnetic Materials for Microelectronics", Moscow 2000, p. 544

24. Lutsev, L. V.: Spin Excitations in Granular Structures with Ferromagnetic Nanoparticles. Physics of the Solid State, 2002, Vol. 44, No. 1

25. Lutsev, L. V.: Electron Transport in Magnetic Field in Granular Structures of Amorphous Silicon Dioxide with Ferromagnetic Nanoparticles. Physics of the Solid State, 2002, Vol. 44, No. 9, accepted for publication

26. Durchanski, G.: EMV-gerechtes Gerätedesign. Franzis Verlag, München 2000

27. Autorenkollektiv: Versuch 2 Dünnschichttechnik, Bereich Angewandte Physik RWTH Aachen

28. Autorenkollektiv Lit.: „Phasenübergänge". Script der TU Berlin, Institut für Physik II

29. Haußleit, F.: Werkstoffe der Mikrosystemtechnik 2, Kristallbildung, Diffusion und Umwandlung. Script SS 2001

30. Nietzsche, H.: Mikro- und Nanomaterialien, S. 62, 32. IWK 1987, Ilmenau

31. Kittel, Ch.: Einführung in die Festkörperphysik. Oldenbourg Verlag, 1999

32. Cadeu, L.: Static magnetic and microwave properties of Liferrite films prepared by pulsed laser deposition. J. Appl. Phys. 81 (8), 15 April 1997, S. 4801

33. Smit, G.; Wijn, J.: Ferrite. Phillips Technical Library, Eindhoven 1959

34. Kneller, F.: Ferromagnetismus. Verlag Technik, Berlin 1975

35. Hillebrands, J.: Forschungsreport 1998. Universität Kaiserslautern, S. 37

36. Cramer, U. et al.: Journal of Applied Physics, Vol. 87, Number 9, 1. May 2000, S. 6911

37. Hillebrands, J.: Exchange bias effect in poly- and single-crystalline NiFe/FeMn Bilayers. FuE Report 1998

38. Autorenkollektiv: Scripten der Universität Ulm „Werkstofftechnik"

39. Perthel, G.; Jäger, F.: Festkörperphysik der magnetischen Materialien. Akademie Verlag, 1996

40. Shoda, M.; Srivastrava, S.: Microwave Propagation in Ferrimagnetics. Verlag Plenum Press, New York and London, S. 180

41. Kallmeyer, Ch.: Messung der komplexen Permeabilität und Implementierung des Permeameters in eine FMR Anlage. Diplomarbeit, FH Nordhausen, Nordhausen 2004

42. Teichert, G; Gräbner, F.: Thin Films for Electro-Magnetic-Compatibility Applications. Proceedings of the 8th International Conference on Ferrite the ICF, Kyoto 2001

43. Gräbner, F.: Ferrite – Untersuchung von Ferriten, Modellierung des Verhaltens und Anwendung in einem HF-Visualisierungsmedium. Dissertation der TU Ilmenau, zugleich erschienen im Verlag Neukirchner Nordhausen 2001, ISBN 3-929767-46-5

44. Gräbner, F.; Hungsberg, A.; Linsel, M.; Kallmeyer, Ch.: Nanopulver-Einsatz in der EMV als Dispersionsmittel für Fäden und Textilien, EMVU Schutzmaterialien und als Radartextilen. VDE Verlag, EMV 2010 Berlin, Offenbach

45. Gräbner, F.; Hildenbrand, St.; Hungsberg, A.; Huck, M.; Liemann, G.: Absorbierende Nanomaterialien für neuartige EMV-Koaxialleitungen. VDE Verlag, EMV 2006 Berlin, Offenbach, ISBN 3-8007-2933-4

46. Gräbner, F.: Nanotechnik. Logos Verlag, Berlin 2007, ISBN 978-3-8325-0277-5

47. Gräbner, F.: Neue Magnetmaterialien und Magnetschichten. Diplomica Verlag, Hamburg 2003, ISBN 3-8324-5630-9

48. Ötzgür, D. et al.: submitted to Journal of Material Science Materials in Electronics 2009 „Microwave Ferrites", part 1

49. Sing, C.: Hysteresis analysis of Co-Ti substituted M-Type Ba-Sr hexagonal ferrite. Materials Letters 63 (2009) 1921–1924

50. Dishovsky, N.: Rubber Based Composites Witch Active Behavior To Microwaves. Journal of the University of Chemical Technology and Metallurgy, 44, 2, 2009

51. Hiroyasu Ota: Broadband Microwave Absorber Using M-type hexagonal Ferrites,IEEE 1999, 0-7803-5057-X/99

52. Sing, C.: Electromagnetic Properties of CoZr Substituted BaSr Ferrite Parafin Wax Composite for EMI/EMC Applications. 978-1-4244-6051-9/11/2011 IEEE

53. Rozanov, I.; Koledintseva, M.: INTECH 2012, http://dx.doi.org/10.5772/48769

54. Rapp, U.: Hexagonale Ferrite-Strukturen, 2012, http://www.ulrich-rapp.de

55. http://www.img-nordhausen.de

56. Gräbner, F.: EMV gerechte Schirmung. Springer Vieweg, 2012

57. Schwab, A.; Kürner, W.: Elektromagnetische Verträglichkeit. Springer Verlag, 2007 ISBN 978-3-540-42004-0

58. Perumalraj, R.; Dasaradan, B.: Electromagnetic Shielding Effectiveness of Doupled Copper-Cotton Yarn Woven Materials, Fibres & Textiles in Eastern Europe 2010, Vol. 18, No. 3(80), pp 74–80

59. Kim Seong Hun; Soon Ho Jang; Sung Weon Byun; Jin Young Lee: Electrical Properties and EMI Shielding Characteristics of Polypyrrole Nylon 6 Composite Fabrics. Journal of Applied Polymer Science, Vol. 87, 1969–1974 (2003) Wiley Periodicals Inc.

60. Shielding Effectiveness, Telephonics 2003–2005, Rev 3

61. Tee Tang: EMC Lecture. Shielding, 2012, University of Technology Queensland, Australia

62. Lienig, F.; Löbl, G.; Dunsing, S.: Geräteentwicklung für Elektrotechniker. Skript-Vorlesung, TU Dresden, 2004

63. Hagotech GmbH Abschirmtechnik, Siemensweg 3, 31603 Diepenau, 2012

64. Herlemann, H.; Koch, M.: Measurement of the transient shielding effectivness of enclosures using UWB pulses inside an open TEM waveguide. Adv. Radio Sci., 2007, S. 75–79

65. Nagel, M.: Erzeugung hochfrequenter Hochspannung zur Untersuchung des dielektrischen Verhaltens von Isolierstoffen. Dissertation Universität Karlsruhe, 2008

66. Radu, S.: Engineering Aspects of electromagnetic Shielding, SUN Microsystems, 18.12.2009

Weiterführende Literatur

67. Butera, Y.; Zhou, K.: Standing Spin Waves in granular Fe-SiO$_2$ thin Films. Journal of Applied Physics, Vol. 87, No. 8, P. 5672

68. Carta, St.; Casola, G.: A Structural and Magnetic Investigation of the Inversion Degree in Ferrite Nanocrystals MFe2O4 (M = Mn, Co, Ni), http://pubs.acs.org/doi/pdf/10.1021/jp901077c

69. Dötsch, K.; Bodenber, J.: Abschlussbericht D1 des SFB der Technischen Universität Darmstadt, 2002

70. Gräbner, F.; Knedlik, Ch.: Change of inversion degree with Nickel-Zinc Ferrite. Journal of Magnetism and Magnetic Materials, Dec 1999

71. Gräbner, F.; Teichert, G.: Absorption Experiments of NiZn Ferrite Films for EMC Applications. Proceedings of the 9th International Conference on Spin Electronics. Moscow, 13.–15. Nov. 2000

72. Gräbner, F.; Teichert, G.: Erzeugung, Analyse und HF-Verlust von texturierten ferritischen Werkstoffen, Bewertung der Qualität der Textur mittels einer theoretischen Orientierungsverteilungsfunktion. Kompendium EMV-Kongress 2000, VDE Verlag, Berlin, Offenbach 2000

73. Hemming, F.: Architectural Electromagnetic Shielding Handbook. IEEE Press 1992, ISBN 0-87942-287-4

74. Kimel, A. V.: Proceedings of the XVII International School-Workshop „Novel Magnetic Materials for Microelectronics", Moscow 2000, p. 299

75. Kodali, G.: Engineering EMC-Principles. IEEE Press 1996, Chap. 9, ISBN 0-7803-1117-5

76. Kronacher, G.: Scaling Laws for Large Shields in Quasi Stationary Magnetic Fields. The Bell System Technical Journal, December 1967

77. Leferink, F.: Shielding in Practice. University of Twente, Hengelo, 2012, Hagotech GmbH Abschirmtechnik, Siemensweg 3, 31603 Diepenau, 2012

78. Levy, M.; Izuhara, T.: Michigan Tech Report MRS Spring „Slicing and Bonding of Single-Crystal Ferroelectric and Magnetic Oxide Films"

79. Montrose, I. M.: Printed Circuit Board Design Technics for EMC Compliance, IEEE Press

80. Nakamura, T: Control of high frequency permeability in polycristalline (Ba,Co) Z-Type hexagonale ferrite, in: Journal of Magnetic Materials and Magnetism 257 (2003) 158–164

81. Singh, Y.; Koledintseva, M.: Hysteresis analysis of Co-Ti substituted M type Ba-Sr hexagona ferrites, in: Material Letters 63 (2009) 1921–1924

82. The Bell System, in: Technical Journal, December 1967, S. 2332–2339

83. Lehner, G.: Elektromagnetische Feldtheorie. Springer Verlag (1990)

Sachverzeichnis

Printed in the United States
By Bookmasters